JN205231

どうして 海のしごとは 大事なの？

「海のしごと」編集委員会 ［編］

 成山堂書店

はじめに

　日本は四方を海で囲まれた海洋国家です。貿易や漁業など海を利用してさまざまな恩恵を受けています。一方で、日本は資源国ではないため、食糧や資源エネルギーのほとんどを海外からの輸入に頼っており、このうち海上貿易は重量ベースで99.7％を占めています。海運は日本の貿易にとって不可欠な輸送手段となっており、こうした海外からの貿易物資の安定輸送に大きな役割を果たしています。海運をはじめとした海事産業は、日本の国民生活や産業活動を支えるうえで重要な役割を担っており、私たちの生活に欠かせないものです。

　船を造る造船所、造られた船の検査、船を動かす船員の仕事、海を守る海上保安官や海上自衛官、海を知るための海洋調査や海底地形調査、石油や天然ガスなどのエネルギー開発など海に関わる仕事は多くありますが、どのような仕事をしているのか、現場で働く人たちのことは広く一般の方に知られていないことがほとんどです。

　本書は、日本を支える海事産業、すなわち「海のしごと」にはどのようなものがあり、なぜ必要なのかを伝えるため、それらの「しごと」に携わる方々にその内容、役割、意義、やりがいなどを紹介していただいています。現場からの声を聴くことで、これからを担う多くの青少年たちが、海に携わる仕事がどのようなものかを知り、「海のしごと」に夢を持っていただくとともに、将来の仕事を選択する際の参考にしていただければ幸いです。

2018年5月

編　者

序　文

1　かけがいのない海

　私たちが住む地球は、表面の約70％を海洋が占め、水惑星と呼ばれています。海洋は二酸化炭素を吸収し濃度の上昇を抑え、地球温暖化の進行を和らげたり、気候変動を防いだりする役割を果たしています。また、海洋に生息する植物プランクトンは、地球上に存在する酸素全体の約3分の2を生産し、生物が呼吸し生命を維持するために欠かせない存在となっています。さらに、海洋で生じる地球規模の海水循環は、太陽エネルギーの地域的な不均衡を軽減し、人間が生活しやすい環境を整える役割を果たしています。加えて、海洋が育む水産資源は、人間の食料や動物の餌として重要な役割を果たしています。海底からは石油や天然ガスなどのエネルギー資源が生産されることもあり、さまざまな産業や私たちの日常生活の基盤を支えています。

　そのほか、海洋は海運業にとっては人や貨物を輸送する交通路、漁業にとっては魚介類の採取や栽培をするための漁場、臨海工場や発電所にとっては機械冷却用の海水を取り入れ温排水として再び戻す冷媒、一般市民にとってはマリンスポーツや海洋性レクリエーションなどを楽しむ行楽地、観光客にとっては景観を満喫する名所や観光地としてさまざまな機能をもち、私たちの社会経済活動を担っています。

　このように海洋は、地球環境の保全や気候の安定のため、また、人間をはじめとする地球上の多くの生物が生きていくため、必要不可欠な存在なのです。未来に向けて海洋環境を保全し、海洋が育むさまざまな資源の持

かけがえのない海。海は生命を育んできた

続的な利用を図ることは、私たち人間に託された重要な使命です。「海の
しごと」の本質は、私たちが営むさまざまな社会経済活動や豊かで文化的
な生活を維持するため、かけがいのない海洋を大切に守りながら有効に活
用することであり、とても魅力ある重要な仕事なのです。

2　日本と海の関わり

　私たちが住む日本の国土面積は約 38 万 km²です。世界の国々の国土面
積は、広い順に 1 位ロシア、2 位カナダ、3 位中国、4 位アメリカ、5 位
ブラジルと続き、日本は世界 61 位です。

　一方、領海と排他的経済水域（EEZ）を併せた日本の海の広さ、すなわ
ち管轄水域の広さは約 447 万 km²に達し、国土面積の 12 倍に及びます。
これは 1 位アメリカ、2 位オーストラリア、3 位インドネシア、4 位ニュー
ジーランド、5 位カナダに次ぐ世界 6 位の広さです。

　なお、日本の周囲には深い海があるため、海の容積という点では、日
本は世界 4 位の大きさです。ところで、日本の排他的経済水域（EEZ）
の多くは、主要 5 島（北海道、本州、四国、九州、沖縄本島）ではなく、

日本の領海など
（外国との境界が未画定の海域における地理的中間線を含め便宜上図示）
※延長大陸棚とは、排他的経済水域及び大陸棚に関する法律第 2 条第 2 号が規定する海域。
出典：海上保安庁ホームページ

沖ノ鳥島、与那国島、南鳥島、対馬など約 6,800 に及ぶ離島によって形成されたものです。さらに、日本の海岸線の延長距離は約 3.56 万 km に達し、やはり世界 6 位の長さを誇っています。これは赤道一周の長さの約 89％に相当し、オーストラリア・アメリカ・中国の海岸線より勝っています。

このように広大な海域や海岸を有する日本ですが、鉄鉱石、石炭、原油、液化天然ガスなどエネルギーや鉱物資源の輸入依存率は、ほぼ 100％に達しています。また、羊毛、綿花、天然ゴムなどの輸入依存率もほぼ100％です。日本が国内で 100％自給できる資源は、石灰石や硫黄などごく少数に限られています。さらに日本の食糧の自給率は、米の場合は約97％ですが、トウモロコシ、大豆、肉類、魚介類などを含めた食糧全体の自給率はカロリーベースで約 40％にとどまり、輸入依存率が約 60％に達しています。しかも、エネルギーや鉱物資源や食料など、輸入貨物の99％以上が船による輸送に依存しています。

一方、将来、日本で生産できる可能性のある新しいエネルギー資源や鉱物資源としては、「燃える氷」と呼ばれる「メタンハイドレート」、銅や鉛、亜鉛や金、銀などのさまざまな金属が沈殿してできた「海底熱水鉱床」、コバルトやニッケルを主成分とする鉱物が深海底をアスファルト状

日本最南端の島
沖ノ鳥島
撮影：大貫伸

日本最西端の島 与那国島
　撮影：大貫伸

日本最北の海 オホーツク海
　撮影：大貫伸

に覆った「コバルト・リッチ・クラスト」、鉄やマンガンを主成分とする球状のかたまりが深海底の表面を敷き詰めるように分布する「マンガン団塊」、希少な元素であるレアアースを豊富に含む海底堆積物などがあります。これらはすべて、日本の排他的経済水域（EEZ）の海底に眠っているものなのです。そして、これらを探査・開発・生産するためには、船や海上構造物や水中ロボットなどが必要となります。また、海底から生産したエネルギーや鉱物資源の輸送は、すべて船に頼らざるを得ません。

　このように、日本は海洋にとても深い関わりを持っています。海洋なくして今の日本、そして将来の日本は成り立たないといっても過言ではありません。私たちの生活や社会経済活動の基盤を築き、私たちが家族や友だちと安心して幸せに暮らすためには、海洋との関わりや海のしごとが必要不可欠な存在なのです。

3　海との関わり

　私は東京商船大学（現　東京海洋大学）を卒業して 37 年間、ずっと海のしごとに就いてきました。最初の 14 年間は延べ 19 隻の商船に乗り、世界中を航海してさまざまな貨物を輸送する仕事をしました。また、残りの 23 年間は公益法人に所属し、船の事故防止や船が原因の環境汚染防止に向けたさまざまな調査研究活動に取り組みました。もちろん、海が好きだからこそ、そして海のしごとにやりがいや魅力を感じたからこそ、長く続けられてきたのでしょう。しかし、小学生の頃の私は、海が好きではなく、海のしごとに就くなどまったく考えていませんでした。

　私は 1957 年 9 月、東京都杉並区で生まれました。小学生になって初めての夏休みを迎えた 8 月のある日、家族で湘南に海水浴に行くことになりました。オリンピック開催前の昭和中期の時代、海水浴に行くことは、家族の歴史に残る一大イベントで、テレビや映画でしか海を見たことのない私は、うれしいやら興奮するやらで、前夜なかなか寝付けませんでした。

　当時の家庭には、マイカーなどはなく電車とバスを何度も乗り継ぎ、海水浴場へ向かいました。テーマパークなどの娯楽施設が十分なかった時代ですので、湘南の海水浴場は人気行楽地で、週末ともなると 50 ～ 70 万人以上の老若男女が、湘南を目指し公共交通機関で我れ先に向かいます。やっとの思いで湘南の海岸に到着しましたが、あまりに多くの人で視界には人の頭や体や水着しか見えず、いったいどこが砂浜でどこが海なのかまるで区別が付かず、海岸も海面も誰もがほとんど身動きもとれない、文字どおり "芋洗い" のような状態でした。迷子にならないよう父親に手を引かれ、おそるおそる群集をかきわけ、やっとの思いでたどり着いた先に、わずかにのぞく波打ち際を見つけ、そっと足を湿らすのが精一杯でした。

ハワイのワイキキビーチ

　すっかり失望し疲れ果てて家路についたのが思い出されます。ハワイの青い海や白い砂浜の美しい光景を想像していた私はがっかりしてしまい、まるで大勢のデモ隊が群がった都会の広場のような風景が目に焼きつき、私はいっぺんに海嫌いになってしまいました。

　21世紀の現在、国内にはさまざまなテーマパークや観光施設ができ、マリンスポーツや海洋性レクリエーションは欧米並みに多様化し、一般市民にも広く普及しています。さらに、ハワイやバリ島など、海外の行楽地への旅行も身近なものとなりました。真夏のレクリエーションの選択肢は、昭和の高度経済成長期と比べ、限りなく増えています。

　一方、湘南の海岸は今も変わらず人気行楽地ですが、かつて"芋洗い"と言われたようなひどい混雑は解消され、すっかり落ち着きを取り戻しています。湘南には藍色の美しい海が広がり、訪れる家族連れやカップルなど多くの人びとを魅了し続け、特に夜景の美しさには、目を見張るものがあります。

　海は雄大で、すべての人びとを拒まず、優しく迎え入れてくれます。しかし、海が携える許容力は無限ではありません。訪れる観光客数が限界を超えると、海や海岸の環境破壊が一気に進み、本来の美しさをすっかり損ねてしまうのです。高度経済成長期の真夏の湘南の海が、まさにそのような状況だったのです。言うまでもなく、湘南の海の美しさを損ねた原因は、許容限界を考えず、大挙して訪れた人間たちにほかなりません。もちろん、私たち家族もその仲間だったのです。海嫌いの原因を作ったのが、実は自分自身であったことに気付くのは、大学生になり海洋環境や公害問題などについて学ぶようになってからです。

　1973年、10月に勃発した第四次中東戦争によるオイルショックで世

江ノ島の夕暮れ。美しい風景も海の魅力のひとつ

界中が混乱するなか、翌11月の初旬、日本ではトイレットペーパーや洗剤の買い占め騒動が起き、さらに、12月になるとさまざまな商品の便乗値上げが活発になりました。その頃、私は高校の近くにある食料品や日用品を扱う個人経営のスーパーマーケットで、清掃や配達のアルバイトを始めました。

　12月の末、仕事を終えた私は、店主の奥さんに呼ばれ、生まれて初めてお給金をもらいました。また、「これはボーナスです。あなたからお母さんに渡してあげなさい」と、トイレットペーパー1袋と粉末洗剤1箱を渡してくれたのです。この店でも、トイレットペーパーと粉末洗剤はすでに売り切れ状態で、入荷の見通しすら立たないなか、家族と住み込み従業員用に確保していたものを私に分けてくれたのでした。

　私は奥さんに礼を言い、ボーナスを大切に両脇に抱え、家路を急ぎました。道すがら、見知らぬご婦人3人に呼び止められ、どこで購入したか根掘り葉掘り聞かれ、そのたびに4、5分かけて事のいきさつをていねいに説明しました。自宅に帰ると息子から、予想外のボーナスを受け取った母親は大喜びでした。

　こうした一連の買い占め騒動は、翌年3月頃まで続きましたが、後日、その原因は、オイルショックによる物資不足などではなく、過熱したマスメディアの報道や街中を飛び交った流言飛語によって、不安に駆られた一般市民による集団パニックであったことが判明しました。

　私は、エネルギーや鉱物資源や食料のみならず、あらゆる日用品の原料に至るまで、その多くを外国からの輸入に頼らなければならない日本の危うさ、また、多くの一般市民が、こうした日本の弱さを十分認識し、常に潜在的な不安を感じ、突然過剰反応することを学びました。ふと、「将来は、

エネルギーや資源のほとんどは外国から運ばれてくる

海外から日本に物資を安定的に運び、誰からも喜ばれる仕事に就いてみたいな」と思うようになり、海のしごとに何となく興味を持つようになったのです。おそらく、トイレットペーパーが商品ではなく「贈答品」であることを知った時のご婦人たちの失望の表情や、それらを手渡したときの母親の満面の笑みが忘れられなかったからだと思います。

　高校2年生の夏休み、私は仲の良い友人を誘い、泊まりがけで海へ行くことになりました。

　東京港・竹芝ふ頭を出港し、観光船で5日間かけて伊豆諸島のいくつかの島々を順に巡り、キャンプ生活をしながら海水浴や釣りなどのマリンスポーツを楽しみました。伊豆諸島の海はどこまでも青く美しく、まばゆいばかりの白い砂浜が広がり、すっかり魅了され、私は海嫌いから目覚め、海が好きになっていました。観光船も快適で、船員さんたちは皆優しく親切で、私たちに海や船の説明をしてくれたり、操舵室を見学させてくれたりもしました。おかげでとても楽しく有意義な船旅を満喫することができたのです。

　旅を終える前夜、私たちは神津島のキャンプ場の草むらに寝そべり、満天の星を眺めながら、今回の旅の楽しい思い出話に花を咲かせ、将来の夢を語り合いました。私が、「今回の旅行で、僕は海や船が大好きになった。だから、将来は海のしごとをしたい。商船大学に進学して貨物船に乗り、海外から物を運ぶ仕事に就く」と言うと、友人も言い返してきました。「僕も海の虜になった。海のしごとをしたい。水産大学に進学して漁船に乗り、たくさん魚を獲って食卓に届ける仕事に就く」。このとき二人の将来の夢は、あっさりと決まったのです。

　高校を卒業して、私は東京商船大学（現 東京海洋大学海洋工学部）に、

美しい伊豆諸島の神津島

友人は東京水産大学（現 東京海洋大学海洋資源環境学部）に進み、さらにその4年後、私は海運会社に友人は水産会社に入社しました。そして、互いに還暦を迎えた現在に至るまで、高校2年生のあの真夏の夜の誓いどおり、私も友人も海のしごと一筋に打ち込んできました。

4 日本にとって「海のしごと」とは

　このように、私の場合は幸運なことに、小学校時代の海嫌いが高校時代に一転し、とても海が好きになったばかりか、海のしごとの魅力や重要性に気付くことができました。そして、希望していた大学に進み、好きな仕事に就くこともでき、現在に至ります。もちろん、良いことばかりではなく、辛いことや悔しいことや悲しいこともたくさんありました。しかし、37年間、大好きな海のしごとに一生懸命打ち込むことができ、私なりのやりがいと満足感を持ち続けることができ、本当にうれしくありがたいと思っています。しかも、私の娘までが、東京海洋大学大学院で学ぶようになり、海のしごとを目指しています。

　日本は海洋と密接な関わりを持ち、海のしごととは日本にとって大変重要です。しかし、多くの方は、海のしごとについて、あまりよく知らないのが実情ではないでしょうか。特に将来の日本を担う子どもたちの多くは、昔と比べ海との関わりが少ないと聞きますので、海にあまり親しみを感じていないのではないかと危惧しています。海は危ないところ、海はつまらないところなどと思い、昔の私と同様に海嫌いの子どももいるのではないでしょうか。日本財団が2017年に実施した「海と日本に関する意識調査」

海で遊ぶ子供たち。海とつながりが大事

によれば、海を身近に感じていない、あるいは、海に愛着をあまり持っていないとする 10 代や 20 代の若年層が、アンケートによる回答全体の約 4 割を占めていたとのことです。

　私は子どもたちや若者のこうした海離れの理由として、海や海のしごとをよく知ってもらうための啓蒙活動が足りないからだとは思っていません。また、海や海のしごとが、今の日本ではマイナーだからとも思っていません。そうではなく、子どもたちや若者、そしてその親御さんたちにとって、海や海のしごとに関する"学びの場"が不足していることが大きな理由だ

海洋牧場で魚を育てる（左）
〜バイオインタラクティブロボットによる海洋牧場養殖システム〜
出典：東京海洋大学ホームページ

世界で初めて
海底熱水鉱床の
集鉱作業を行う試験機（右）
出典：経済産業省ホームページ

海中に投入される
集鉱試験機（左）
出典：経済産業省ホームページ

海洋未来都市
環境アイランド
GREEN FLOAT（右）
出典：清水建設

と思っています。本書は、お子さんと親御さんに、海や海のしごとの魅力や重要性について、親子どうしの感性で自然と受け入れ、共通の理解を得るための"学びの場"を提供することを最大の目的としています。

　海のしごとは、科学の発展や海底エネルギー資源の開発に伴い、現在急速な変化を遂げている最中ですので、10年後20年後はさらに多様化しているでしょう。本書に掲載されていない、新しい職種がたくさん登場しているはずです。衛星リモートセンシング技術を活用した海洋牧場の管理者、太平洋を無人航行する自律運航船の陸上ナビゲーター、海洋温度差発電や海流発電のサービスエンジニア、深海底から海底熱水鉱床を掘削・集鉱するロボットのオペレーター、海洋未来都市の建築エンジニア、メタンハイドレートの生産設備のクルーなどの仕事です。想像しただけでもわくわくしてきます。

　本書を読み、海や海のしごとに興味を持ったお子さんのなかにも、将来こうした新しい仕事に就き、世界をリードし大活躍する子どもたちが大勢出てくるに違いないと思います。本書に掲載されている海のしごとは、こうした近未来のしごとの足掛かりともなるものです。本書に記載されているさまざまな職業から最初はスタートし、セカンドキャリア、サードキャリアと段階的に経験を積むことにより、未来の新しいしごとへとつながるのです。本書は是非、親子で語り合いながら、じっくり読んでいただきたいと思います。お子さんたちの夢を紐解きながら、それをきっとかなえてくれる、未来に向けた素敵な海のしごとが見つかることを心から祈っています。

公益社団法人日本海難防止協会 研究統括本部部長

大貫　伸

目次

第1章
造るしごと

CHAPTER 1 work to build

造船所 Shipyard
舶用工業 Ship Machinery and Equipment

造船所
Shipyard

取材
協力：

墨田川造船株式会社 製造部部長
島﨑賢人

一般社団法人
日本中小型造船工業会

周りを海に囲まれる日本は、
外国間での物資輸送は
大部分が、「船」によって行われます。
一度に大量のものを運ぶ船は、
国内の輸送にも欠かすことはできません。
そのほか日本の海をまもる巡視船や
護衛艦、警察・消防艇、遊覧船など、
いろいろな船が活躍しています。
これらの重要な役割を担う
「船」をつくる仕事が「造船のしごと」で、
日本に欠かすことのできない産業です。

1 どんな仕事なの？

人が最初につくった乗り物は、「船」だといわれています。おそらく、最初は川や海に浮かぶ丸太に乗ったりしたのがはじまりだったのでしょう。日本は島国で、まわりをすべて「海」でかこまれていますから、外国からモノを運んでくるときにも「船」を使います。とくに、資源の乏しい日本は、原油や石炭などのエネルギーや小麦や食肉などの食材など多くのものを外国から「船」で運んでくるのです。外国から運んでくるばかりではなく、日本からも自動車や電化製品など多くのモノを外国に運んでいますから、この時にも船を使います。そのほか、魚をとるときも漁船が必要ですし、海で事故があった際に出動する船もあります。海を調べたりする船もありますし、工事する船もあります。こうしてたくさんの船が、日本で、世界で活躍しているのです。私たちの生活のなかで、欠かすことができないのが「船」なのです。

この「船」をつくる仕事が「造船業」です。周りを海に囲まれた環境が日本の造船業の技術を培いました。1956 年には、それまで世界一だったイギリスを抜いて、世界一の造船の国になったのです。現在では中国や韓国に世界一位の座を明け渡していますが、日本の造船の技術力はいまなお世界一です。

お話ししましたとおり、船にはいろいろな種類があります。魚をとる漁船、海を楽しむレジャーボート、海の安全をまもる巡視船や護衛艦、物を運ぶ貨物船、石油やガスなどを運ぶタンカー、クルーズ船や観光船などさまざまです。その大きさも、長さ 2 メートルほどのボートから、長さ 300 メートルを超えるタンカー、重さ 20 万トンにもなるクルーズ船など多種多様です。これらの船をつ

造船所の全景。作業用クレーンが並ぶ（墨田川造船 提供）

船の骨格が見える（墨田川造船 提供）

くる大きな仕事が、「造船のしごと」なのです。

2 なぜ、この仕事を選んだの？

学生時代に、家族で遊覧船に乗ったことがあったのですが、その時に、漠然と「こんな船を自分で造ってみたい」そして、「自分で造った船に家族を乗せたい」と考えたのが最初のきっかけだと思います。家族や友達に「この船は自分が造ったんだよ」と言ってみたかったんですが、いま、その夢は十分に叶っています。いろいろな船に携わってきました

造船所のクレーンの前。作業着の筆者（上）／中禅寺湖の遊覧船「男体」（下）（墨田川造船 提供）

が、たとえば、最近関わった船、これは「海」の船ではないのですが、日光の中禅寺湖の遊覧船です。親族が関係の仕事をしていたこともあったのですが、これはすごく喜んでくれましたし、私もうれしかったです。自動車などは、量産されて同じものがたくさん走りますが、「船」は、この一隻だけですので、誇らしい気持ちになります。

造船を学ぶ大学に行っていたのですが、そこで勉強をするなかで、観光船のような「人に喜んでもらえる船」を造りたいと考えるようになりました。造船の会社を探していくなかで、私が働いているいまの会社は、観光船のほか、巡視船や消防艇などの「人を助ける船」「人のためになる船」も造っていて、「もう、ここしかない！」と思いました。そういえば、隅田川から東京湾をはしる「水上バス」も造りましたが、これは、子供によろこばれました。私自身も疾走している姿を見たときはとても感動したことを覚えています。

3 仕事のやりがいを感じるときはどようなときですか？

なんといっても、自分が造った船が活躍しているのを見ることですね。自分の家族や友達を「自分の船」に乗せることもそうですが、テレビなどで、活躍する船を見たときに、「俺が造った船が、映ってる、活躍している！」と感動します。これが一番やりがいを感じるときです。

過去に、佐渡島にわたる連絡船に携わったのですが、この船は佐渡島観光のパンフレットに使われました。これもうれしく思ったのを覚えています。

自分が目指してきたものが現実に形になって、活躍するわけですから、うれしいですね。

ただ、すべて順調だったわけではありませ

佐渡島の高速船「あいびす」（墨田川造船 提供）

ときには、出来上がったときに、きちんと運航できるための「強度」を計算するのですが、このときは、「学生時代にもっと勉強しておけばよかった」と思ったものでした。「基礎」がいかに大事かを学びました。

　自分でもやりがいを感じて、ずっとやってきましたが、同時に厳しい仕事でもあります。造船の技術者も高齢化してきています。日本を支えてきた大事なしごとですので、将来を担う若い方々が、造船の世界を目指してくれることを願っています。

ん。私は、造船の設計に十数年携わった後に現場監督の仕事に就いたのですが、設計の当時は、いろいろな壁にぶつかりました。造船の仕事は、経験がものをいう「経験工学」の代表的な仕事といわれています。その経験のない若いころは、なにからなにまでベテランの技術者に聞かなければなにもできない状態で、一時は、設計図面を描くことがいやになった時期もありました。また、図面を描く

4　はじめてのしごと

　船の設計を学ぶところからスタートしましたが、最初に携わった船は、海上保安庁の巡視艇でした。はじめての船でしたので、一部のお手伝いではありましたが、自分の描いた図面の船が、実際の「形」になったのを見たときの記憶ははっきりと残っています。物を造る技術者にとって一番の喜びだと思います。

完成した消防機能付きの巡視艇3隻が並ぶ（墨田川造船 提供）

最新の高速連絡船「さんらいなぁ2」（墨田川造船 提供）

船ができあがるま
引き合い・見積り・契約

1 設 計
コンピュータを使って、積み込む荷物にあった船の形や構造を決めます。

6 先行艤装（配管取付）
作業がしやすいように、ブロックにパイプ機械類を取り付けます。

11 鉄艤品製作／甲板仕上げ
煙突やマスト、ドア、はしごなど鋼製の装や部品をつくりこれを船体にとりつけま

私の働いている会社は、新人のときからどんどん現場に携わらせてくれたので、入社半年ぐらいなのに、自分のかかわった船が形になったときは感動でした。大きな船をつくる大手の造船会社では、技術者がそれぞれの専門の分野のみに関わることが多く、船全体に携わって造ることはあまりないのですが、私の会社では、設計から完成まで、さらには完成後の試乗や検査にも関わりますので、その船は、まさに「自分のものだ！」という感じです。その分、船のことはすべて知っておかなければなりませんので、やりがいがあります。

5 心に残る仕事

　かかわった船の仕事はどれも心に残っていますが、完成後の試運転のときがいつも印象的です。計画したとおりに動くのか、性能どおり動くのかなど、不安と喜びが混在します。完成した船を引き渡すときは、ハラハラ、ドキドキの方が大きく、無事に納品できますように、といった気持になります。無事に引き渡して、すべての仕事が終わるのですが、苦労の多かった船ほど、感慨深い気持ちになります。

　船は、車や飛行機のように、技術の劇的な進化がそれほどない乗り物だと思っています。昔からの技術の積み重ねで、少しずつ進歩してきたのが造船だと思います。「軽く」「強く」「早く」が基本ですが、これからの将来、なにか画期的な技術が開発されるのか、そのときに、自分が携わっていきたい、という気持

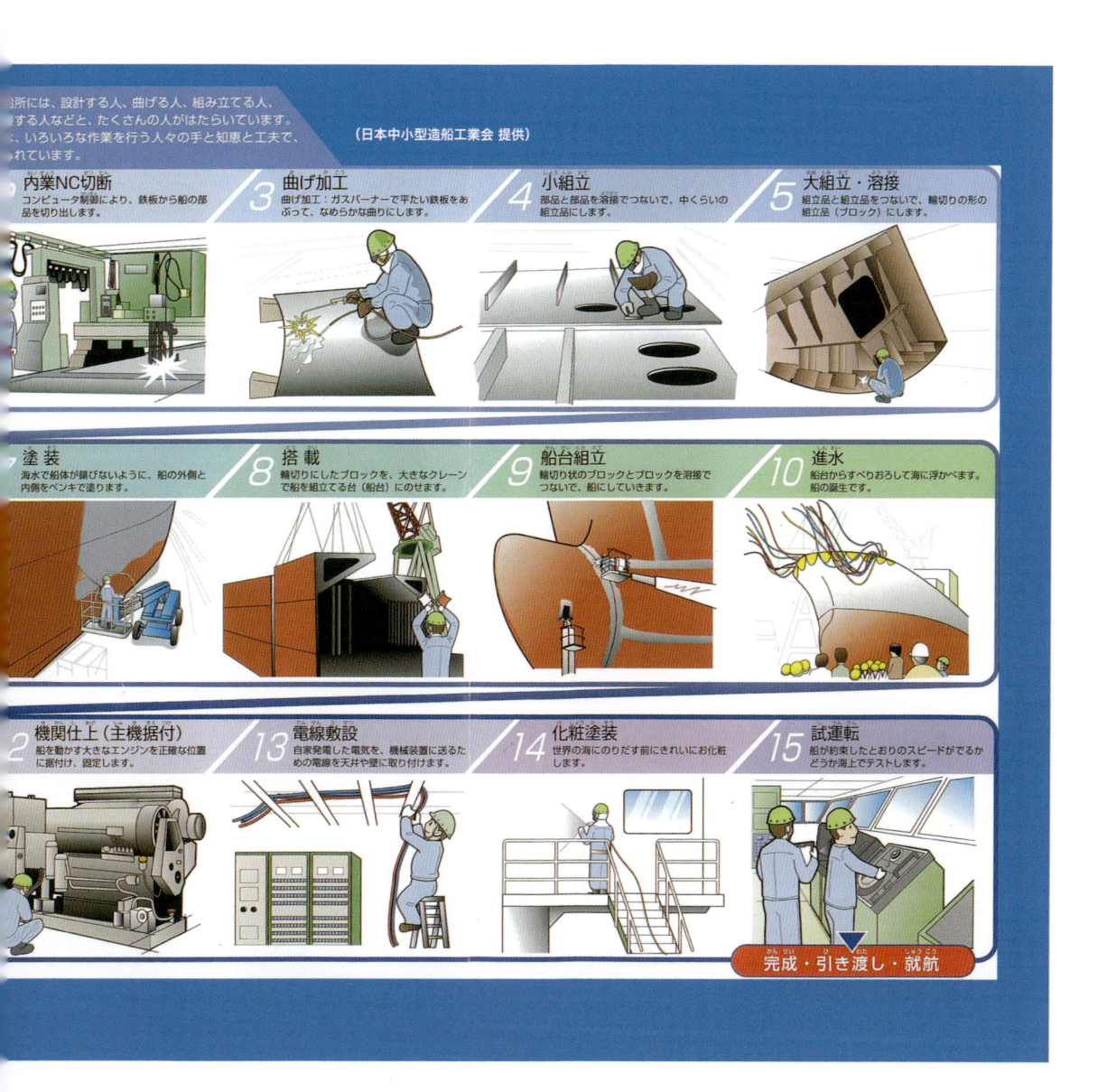

（日本中小型造船工業会 提供）

所には、設計する人、曲げる人、組み立てる人、
する人などと、たくさんの人がはたらいています。
、いろいろな作業を行う人々の手と知恵と工夫で、
れています。

内業NC切断
コンピュータ制御により、鉄板から船の部品を切り出します。

3 曲げ加工
曲げ加工：ガスバーナーで平たい鉄板をあぶって、なめらかな曲りにします。

4 小組立
部品と部品を溶接でつないで、中くらいの組立品にします。

5 大組立・溶接
組立品と組立品をつないで、輪切りの形の組立品（ブロック）にします。

塗装
海水で船体が錆びないように、船の外側と内側をペンキで塗ります。

8 搭載
輪切りにしたブロックを、大きなクレーンで船を組立てる台（船台）にのせます。

9 船台組立
輪切り状のブロックとブロックを溶接でつないで、船にしていきます。

10 進水
船台からすべりおろして海に浮かべます。船の誕生です。

2 機関仕上（主機据付）
船を動かす大きなエンジンを正確な位置に据付け、固定します。

13 電線敷設
自家発電した電気を、機械装置に送るための電線を天井や壁に取り付けます。

14 化粧塗装
世界の海にのりだす前にきれいにお化粧します。

15 試運転
船が約束したとおりのスピードがでるかどうか海上でテストします。

完成・引き渡し・就航

ちはもっています。

6　日本の造船とこれから

　日本の技術は世界一だと思いますが、とくに思うのは、日本の船は、丁寧に心を込めて造っていると思います。これは日本人に根付いているものだと思いますが、私の会社でも、

そして、私自身もそれを一番心がけています。船は、車や飛行機のように同じものがたくさん造られるものと違って、唯一の船であることがほとんどです。図面から描き起こしたものが、形になり、海に浮かぶ。それがものを運んだり、人を助けたりと役に立つのです。とてもやりがいのある仕事ですので、若い人たちが、この世界を目指してくれればうれしいですね。

造るしごと　#02

舶用工業
Ship Machinery and Equipment

船を動かすエンジンやプロペラ、
操縦する操舵装置、
海を安全に航海するためのレーダー、
荷物の積み下ろしをするクレーンなど、
船を安全に動かし、
運ぶためのさまざまな機械を
つくるのが舶用工業の仕事です。
造船と並んで世界の半分以上の船に、
日本の舶用機器が使われています。

取材
協力：　一般社団法人
　　　　日本舶用工業会

1 どんな仕事をしているの？

「舶用工業」ということばからどのような仕事をしているのか想像できますか。車、飛行機、電車を安全に動かすためにはさまざまな機器が必要になります。船も同じで、大海原を航海するための動力となるエンジン、推進のためのプロペラや、荷物を船に積んだり降ろしたりするクレーン、船を安全に操縦する操舵機、レーダーなど、たくさんの機械からできています。船の運航のために必要な機械をつくる仕事が舶用工業です。

その技術の高さから、世界中で運航されている船の約半分以上に、日本の舶用機械が使われていて、造船と同様、日本の海事産業を支えてきた重要な仕事です。

2 舶用機器の種類

船を安全に動かし、いろいろなものを運ぶためにたくさんの機械が必要です。その数は、大小あわせて200種類以上にもなりますが、それぞれに重要な役割があります。ここでは、代表的な舶用機器について紹介します。

①エンジン

巨大な船を動かすためには、大きく強力なエンジンが必要です。一般的な船では、ディーゼルエンジンが使われています。効率的で大きな力を発揮することができるエンジンです。そのほかに、環境に優しい電気で動く、電気推進機関やタービン機関などもあります。長さ300メートル、重さ15万トンを超えるような巨大なタンカーを動かすディーゼルエンジンなどは、高さが約15メートル、長さ約24メートル、総排気量は約2,200万cc、約8.5万馬力にもなります。これは、大型のトラック200台分以上にもなるのです。

②プロペラ（推進装置）

エンジンで生み出した力を、船を進めるた

大型コンテナ船のディーゼルエンジン。人とくらべるとその大きさがわかる（三井E&Sホールディングス 提供）

めの推進力に変える役割をもつのが、プロペラです。「スクリュー」といった方がわかりやすいかもしれませんが、もともとスクリューは、「らせん状のもの」という意味で、船の推進装置は正式には「プロペラ」といいます。これも船の大きさに合わせたものが造られますが、巨大な船には巨大なプロペラが装備されます。

③荷役装置（クレーンなど）

　資源の乏しい日本では、石油や石炭、天然ガスなどのエネルギー、鉄鉱石、綿花などの原材料、大豆、小麦などの食糧品、そのほかにも多くのものを輸入に頼っていますが、そのほとんどが船で運ばれてきます。また日本の誇る自動車や機械などの製品を外国に輸出する際にも船が使われます。こうした原燃料や食料品などを船に積み込む際には、クレーンなどの機械が必要になります。これらの機械を総称して荷役装置といいます。

④操舵装置・レーダーなど

　船を操縦することを「操船」といいます。自動車でいうハンドルにあたるのが、「操舵機」で、航路を確認し、安全に操船するために、カーナビに相当するレーダーなどの装置があります。

　以上は、船を動かし、物を運ぶための代表的な舶用機器ですが、舶用工業の機器には、ほかにたくさんの役割をもった設備や機械（26 〜 27 頁参照）があります。

　このように舶用工業機器には、たくさんの種類があり、それぞれ重要な役割を持ってい

大型船のプロペラと舵（鉄道・運輸機構 提供）

巨大な荷役装置（デッキクレーン）を搭載した船

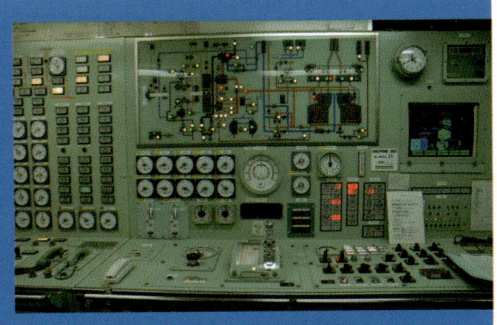

コントロールルームの制御装置

レーダー　　　　　　　　救命機器

錨

ます。舶用工業の仕事を目指すには、機械工学や電気・電子工学などの高度な工学系の知識を身に付ける必要があります。それは船を動かすためのさまざまな機器をつくる重要な仕事だからです。

船の操舵室の操舵機やレーダーなど

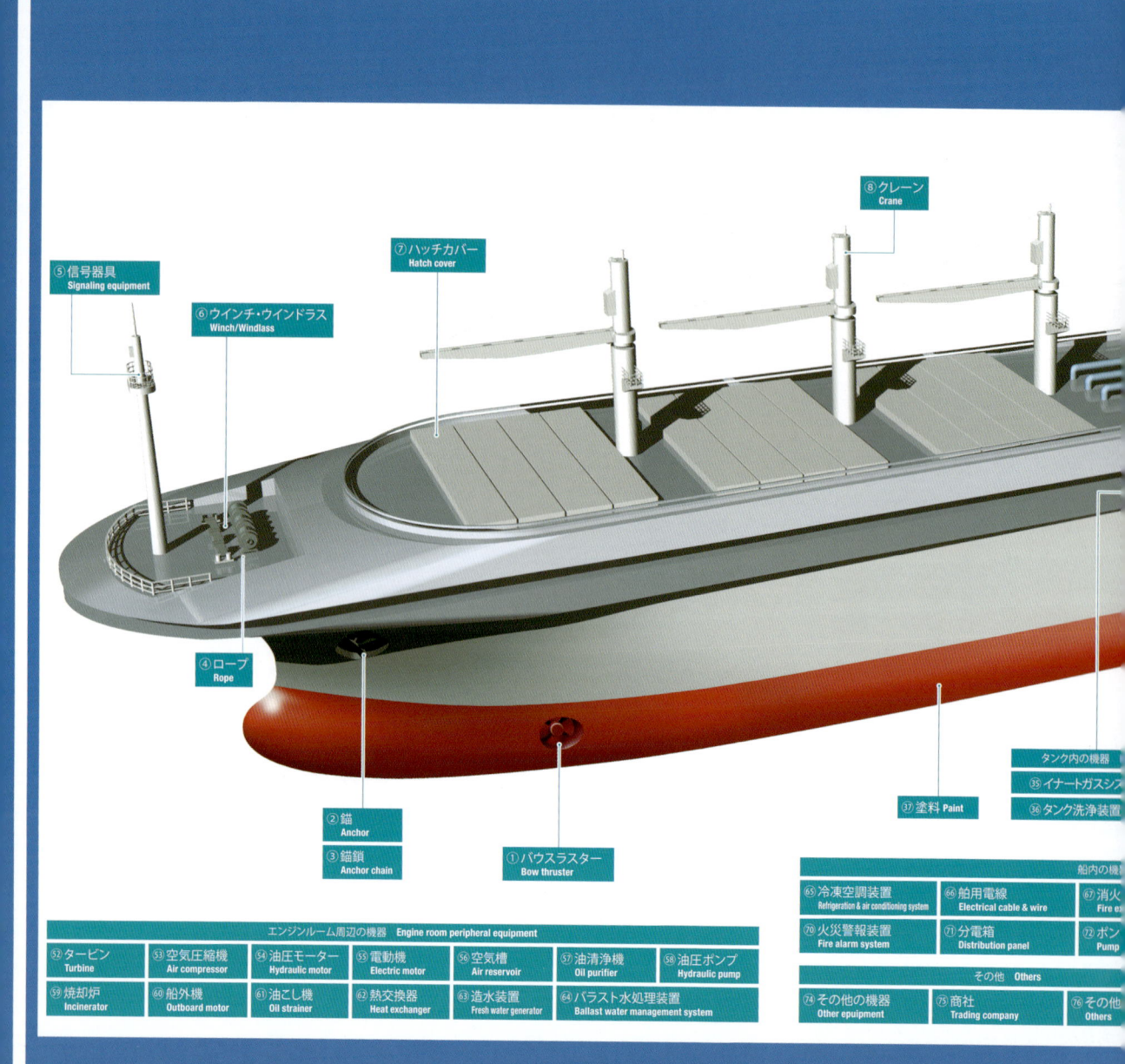

代表的な舶用機器（日本船用工業会 提供）

- ⑧ クレーン Crane
- ⑦ ハッチカバー Hatch cover
- ⑤ 信号器具 Signaling equipment
- ⑥ ウインチ・ウインドラス Winch/Windlass
- ④ ロープ Rope
- ② 錨 Anchor
- ③ 錨鎖 Anchor chain
- ① バウスラスター Bow thruster
- ㉗ 塗料 Paint
- タンク内の機器
- ㉟ イナートガスシステム
- ㊱ タンク洗浄装置

船内の機器

㊺ 冷凍空調装置 Refrigeration & air conditioning system	㊻ 舶用電線 Electrical cable & wire	㊼ 消火 Fire e
⑺ 火災警報装置 Fire alarm system	⑺ 分電箱 Distribution panel	⑺ ポン Pump

エンジンルーム周辺の機器　Engine room peripheral equipment

㉒ タービン Turbine	㉓ 空気圧縮機 Air compressor	㉔ 油圧モーター Hydraulic motor	㉕ 電動機 Electric motor	㉖ 空気槽 Air reservoir	㉗ 油清浄機 Oil purifier	㉘ 油圧ポンプ Hydraulic pump
㉙ 焼却炉 Incinerator	㉚ 船外機 Outboard motor	㉛ 油こし機 Oil strainer	㉜ 熱交換器 Heat exchanger	㉝ 造水装置 Fresh water generator	㉞ バラスト水処理装置 Ballast water management system	

その他　Others

㊾ その他の機器 Other epuipment	㊿ 商社 Trading company	その他 Others

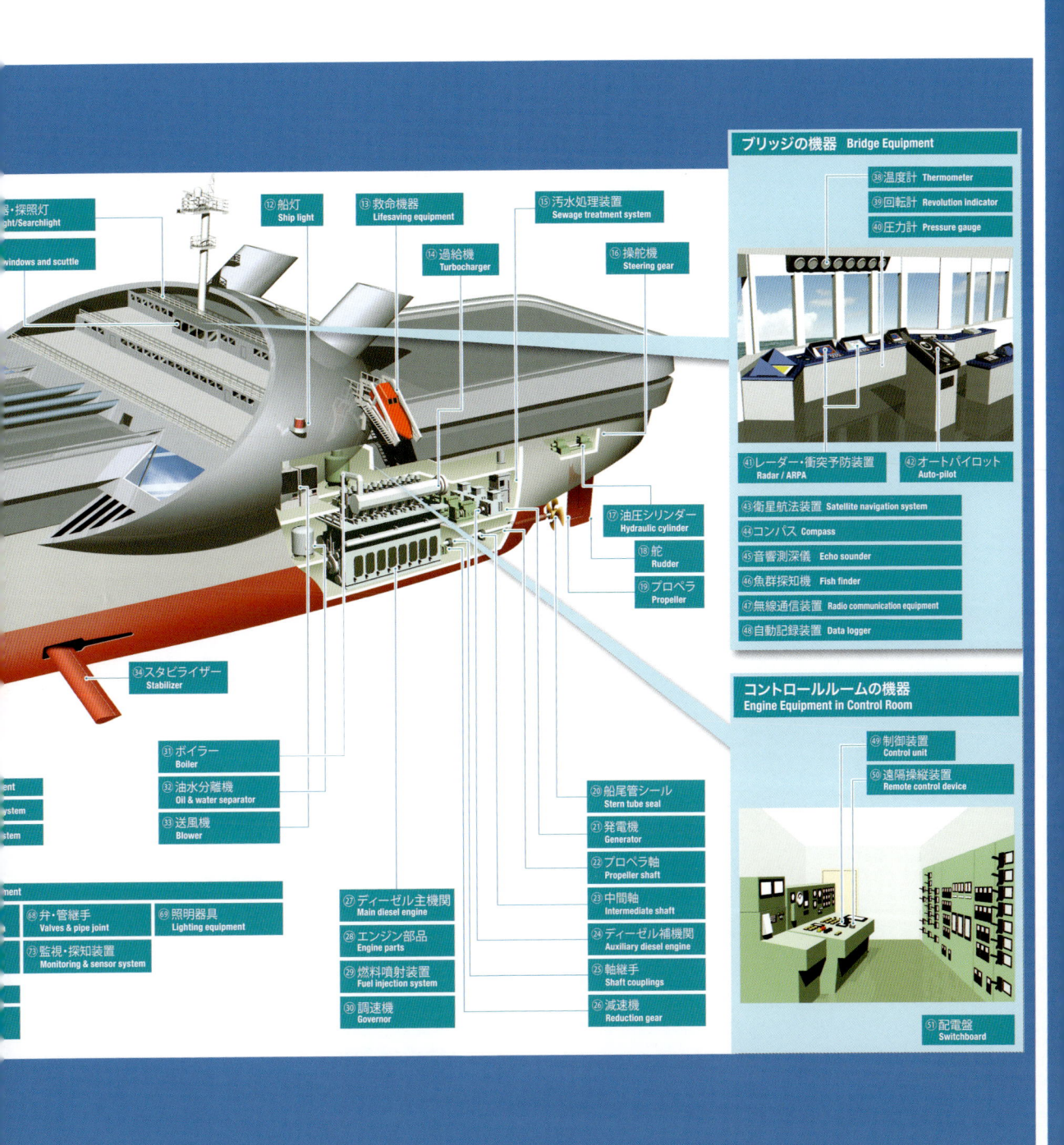

ブリッジの機器 Bridge Equipment

㊳温度計 Thermometer
㊲回転計 Revolution indicator
㊵圧力計 Pressure gauge

㊶レーダー・衝突予防装置 Radar / ARPA
㊷オートパイロット Auto-pilot
㊸衛星航法装置 Satellite navigation system
㊹コンパス Compass
㊺音響測深儀 Echo sounder
㊻魚群探知機 Fish finder
㊼無線通信装置 Radio communication equipment
㊽自動記録装置 Data logger

コントロールルームの機器
Engine Equipment in Control Room

㊾制御装置 Control unit
㊿遠隔操縦装置 Remote control device
(51) 配電盤 Switchboard

⑪器・探照灯 ght/Searchlight
windows and scuttle
⑫船灯 Ship light
⑬救命機器 Lifesaving equipment
⑮汚水処理装置 Sewage treatment system
⑭過給機 Turbocharger
⑯操舵機 Steering gear
⑰油圧シリンダー Hydraulic cylinder
⑱舵 Rudder
⑲プロペラ Propeller

㉞スタビライザー Stabilizer

㉛ボイラー Boiler
㉜油水分離機 Oil & water separator
㉝送風機 Blower

⑳船尾管シール Stern tube seal
㉑発電機 Generator
㉒プロペラ軸 Propeller shaft
㉓中間軸 Intermediate shaft
㉔ディーゼル補機関 Auxiliary diesel engine
㉕軸継手 Shaft couplings
㉖減速機 Reduction gear

㉗ディーゼル主機関 Main diesel engine
㉘エンジン部品 Engine parts
㉙燃料噴射装置 Fuel injection system
㉚調速機 Governor

⑱弁・管継手 Valves & pipe joint
⑲照明器具 Lighting equipment
⑬監視・探知装置 Monitoring & sensor system

「造るしごと」取材・執筆等協力者

一般社団法人日本造船工業会

〒 105-0001　東京都港区虎ノ門 1-15-12
日本ガス協会ビル 3 階
TEL：03-3580-1561

一般社団法人日本中小型造船工業会

〒 100-0013　東京都千代田区霞が関 3-8-1
虎ノ門三井ビルディング 10 階
TEL：03-3502-2061

墨田川造船株式会社

〒 135-0052 東京都江東区潮見 2- 1-16
TEL：03-3647-6111

一般社団法人日本舶用工業会

〒 105-0001　東京都港区虎ノ門 1-13-3
虎ノ門東洋共同ビル 5 階
TEL：03-3502-2041

ジャパンマリンユナイテッド株式会社

〒 220-0012　横浜市西区みなとみらい 4-4-2
横浜ブルーアベニュー
TEL：045-264-7200

株式会社三井 E&S ホールディングス

〒 104-8439　東京都中央区築地 5-6-4
TEL：03-3544-3133

第2章
動かすしごと

CHAPTER 2 work to move

船長 Captain

機関長（機関士） Chief Engineer(Engineer)

航海士 Officer

水先人 Pilot

動かすしごと #01

船 長
Captain

書き手： 一般社団法人日本船長協会
元常務理事 **森山和基**

船にはさまざまな種類があり（50〜54ｐ参照）、
すべての船に総責任者でキャプテンと
呼ばれる船長がいます。
天気や海の状況を見ながら、
航海の計画を立て、航路を決め、
船を運航させます。
乗客の安全を守り、
貨物を安全に運ぶため、
航海士や機関士たち乗組員を
指揮監督しながら、
船を航行させています。
ここでは、外国航路の商船で船長を
務めた方が仕事の紹介をします。

コンテナ船（上）（川崎汽船 提供）/LNG 船（中）/ 貨物船（下）

どんな仕事をしているの？

外航船は、外国の港を行き来する船のことを言い、一度にたくさんモノを運ぶことができるよう大きな船体をしています。

外航船には、石炭や鉄鉱石等を運ぶ「鉱石船」、大麦や大豆などを運ぶ「穀物運搬船」、自動車を運ぶ「自動車運搬船」、発電用の燃料となる液化天然ガス（LNG）や液化石油ガス（LPG）を運ぶ「液化ガス運搬船」、ガソリンや化学製品等の原料となる原油（Crude Oil）を運ぶ「石油タンカー」などそれぞれの貨物を専用に運ぶ船と、いろいろな品物をコンテナという箱に詰めて、大量に輸送する「コンテナ船」があります。大きなコンテナ船になると、コンテナの箱を一度に1万個以上積むことができ、 船の長さが400m、幅が60mある船もあります。これらの船が、いろいろな貨物を確実に港から港に運んでいるのです。

船を操縦することを「操船」と言います。

嵐のときやたくさんの船が航行する場所では安全な操船を心がけます。衝突事故や乗揚げ（座礁）事故は、けっして起こしてはいけないので、より注意をして操船します。

船内では、火災や浸水を起こさないことはもちろん、作業をしている乗組員の人たちが、病気や怪我をしないよう、お互いに気を付け、安全と環境の維持のため皆で協力して仕事を行っています。

気象や安全航行に役立つ情報は、技術の進歩によって通信状況が格段に良くなったことから、すぐ手に入れることができます。電子メールを使い、船を運航・監督している会社（運航管理会社）と確実なやりとりをすることで、安全で無駄のない航路を使い環境にも優しい航海ができるのです。

航海中や港に着く前、そして着いてからもエンジンをはじめ常にいろいろな機械、計器などの点検整備、確認を行い出港前には、安全な航海ができるように準備をします。

船長には、船の全責任がありますが、多くの仕事を船長一人で行うことはできないので

自動車運搬船。大きなものは、7000台もの自動車を積むことができる。船長はこのような大きな船を指揮する

船内での船長の役割
(『新訂 ビジュアルでわかる船と海運のはなし』より)

それぞれ専門の仕事をする乗組員がいます。

航海、操船には、船長のほかに航海士と甲板部の乗組員、エンジンや発電機には、機関長、機関士、機関部がそれぞれの仕事を担当します。船長の仕事には、船舶の運航の仕事のほかに、船のお金の管理、食料品の在庫の確認、乗組員の交代手続き、労務時間の管理、書類の整備、船内でのルールが守られ乗組員の調和がとれているかなどを見渡します。さらには海賊やテロなどに対する防備も怠らないよう、指導、指示するのです。

海の上には、海上交通の国際的なルールがあります。この国際ルールを守らせることも重要です。ごみの海上投棄禁止、漏油による海の汚染防止などにも万全の注意を払います。そのほか、船体や安全の管理について、5年に一度の公的な検査や、抜き打ちの監査などもありますので、船内では、実施する作業がきちんと規則どおり行われているか、毎日、ミーティングで確認をして、実施した作業の内容は確実に記録し残していきます。

航海士にとっては、規則や法律で定められた内容を、しっかりと理解することが、将来、船長になるためのステップであり、船を安全に航海するために必要なことです。

なぜ、船長の仕事を選んだの？

小学1年生の頃、私の家に一冊の海洋に関する本がありました。きれいな海や大きくてカッコいい船、海上の強風の様子や、台風の大波に翻弄される船の写真、恐ろしい顔の深海魚も載っていました。

それをみて、子どもながらに考えたのは、

船長の指示で出港する貨物船

海洋学習の様子（日本海洋少年団連盟 提供）

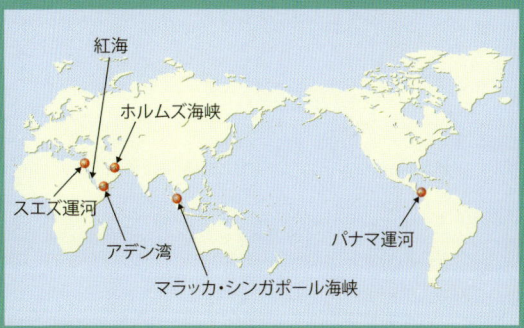

マラッカ、シンガポール海峡、スエズ運河海図

将来「海のしごと」にだけは就かないようにしようというネガティブな思いでした。さらに小学校5年生のときには、沈没していく船からの脱出と救出を描いた海難がテーマの映画をみたときに、荒れ狂う海のなか、人を救助しないといけない「海のしごと」は、自分には向いていないと再度思ったものです。

しかし、小学校6年生のとき一泊二日の海洋学習で船に乗る体験をしたのです。それまで「海のしごと」に恐怖心を抱いていた者にとって人生最大の冒険です。

船上では、海洋少年団の方から、船で使うロープ類の結び方、手旗信号や旗りゅう信号などを丁寧に教えてもらい、船長からはたくさんの外国の話を聞きました。そして、2日目の朝、甲板上で見た海の色と太陽の不思議な光景に心を掴まれ、幼い頃に恐怖感を抱いていたはずの「海のしごと」、すなわち船乗りの世界を目指すようになったのです。

仕事のやりがいを感じるのはどのようなときですか？

私がこれまで船を操船してきて、緊張する海域が3か所あります。

マラッカ・シンガポール海峡、スエズ運河（海峡）、そして、中国の沿岸（香港、上海、大連へかけての全海域）です。

マラッカ・シンガポール海峡は、全区間を通過するのに、約1.5日（36時間）かかります。シンガポール海峡は昔から通航船舶が多く、区間によっては船舶交通が交錯する危険な海域です。浅瀬も多く、喫水（船が浮いているときの、船の底から水面までの距離）が深いタンカーなどで通るときは、潮の流れや向きを考えて走る必要があります。熱帯雨林帯のスコールは、日本のゲリラ豪雨と同じくらい猛烈な雨が降り、突然、視界が悪くなります。シンガポール沖を西に抜けると、浅瀬が多く、狭いマラッカ海峡に入ります。スピードの遅い船を、追い越すこともあり、緊張します。大きくて、喫水の深い船の走れるところは、限られていて気が抜けません。

スエズ運河は、北インド洋からアデン湾を通り、紅海へ、その最奥から地中海に抜ける運河です。地中海側出口まで、全長が120マイル（約193km）あり、紅海から地中海に抜ける場合、紅海のドン詰まりのスエズ港で錨を下ろして、運河を通過する順番を待ちます。次々に大きな船が錨泊地に集まり錨を

いれていきます。

　錨地に着くのは夕方から夜になり、到着してもゆっくりできません。入国審査や通峡手続きのために、政府官憲（エジプトの役人）たちが乗ってきて、書類の審査が行われます。

　夜が明ける少し前、最初の船団（１st コンボイといいます。10 隻前後です）が、順番に錨を巻き揚げてスエズ運河の入口に向かい、等間隔で一列に並び約 10 ノット（18.5 キロ / 時間）で運河を航行します。スエズ運河は、シナイ半島とエジプトの間を掘って造られ、1869 年に完成しました。ここを通るときは、専門のパイロット（水先人）が乗船し、操船をします。幅が 100m 前後の狭い運河なので、船長、航海士は船橋（操舵室）から離れることはなく、船の速度も頻繁に調整しますので機関当直者（機関士）も機関室で船橋からの指示を受けます。

　運河を抜けた地中海側の港、ポートサイドの沖を通過するころは、もう夕方です。約 12 時間を要するわけです。

　かつて日本沿岸での操船が世界一難しいと言われていました。今は、経済発展する中国の沿岸が、最難関海域ですので中国の港に入港するときは、本当に緊張の連続です。漁船

が束で漁をしていて、その隙間を縫って小型の舟艇（ボート）や、５千〜１万トンくらいの中型の貨物船が走っています。また、春先から初夏にかけて濃い霧が発生する時季は、視界が悪く、ほとんど前が見えませんから船の速度を落として慎重に走ります。何しろ、潮の流れが強い海域が多く、全長 300m を超える 10 万トン以上の船が同じように走っているのですから、その海域でエンジンが止まるようなことがあっては大事故につながります。霧中信号（汽笛）に耳を凝らし、航海計器、レーダー、GPS、電子海図から、自分がどこにいるのか、周りの船の向き、スピードを掴んで、安全航行に努めます。

　この３か所は、多くの船が集まってくるところで、こまめに船のコースを変えたり、ルールを守らない船が多いところでもあります。「相手の船もルールをしっかり守っているだろう」という考えで操船すると危険な場所なので、緊張しながら、他の航海士や乗組員と協力し、無事に通過することができると、ほっとします。

　海上では、いつも同じ状態が続くとは限りません。気象や海象は変化しやすく、ときには、急に強風が吹きだし、波がとても高くなることもあります。台風や低気圧が接近すると、船も大きく揺れて、思うように操船できなくなる経験もしました。このような海の上では、積んでいる貨物に対しても細かいケアが必要です。悪天候を予測して貨物の移動を防ぐ準備、航路の変更など、常に適切な判断を下すこと、それが船長の役目です。

　一致団結した行動と、プロフェッショナルな意識が、航海を通じて発揮され、その結果、貨物を安全に目的地に届け終えたとき、「達成感」「やりがい」の気持ちが最高潮に達します。ひとつの目標を達成して、すぐにまた新しい荷物を積んで次の航海に出ます。全員

スエズ運河を順番に航行するコンテナ船

船長としての現役時代の筆者（日本船長協会 提供）

で協力して、安全な航海を終えることが、第一の目標、船長の使命です。

　何航海かを安全に終え、後任の船長が乗船し、業務をすべて引き継ぎ、一緒に船で仕事をしてきた乗組員全員から、「お疲れ様でした」と言われタラップを降り、大きな船体を見上げて「ありがとう」と言うときが達成感とやりがいを感じるときです。

初めての乗船体験

　初めて会社の船に乗ったとき、毎日、船長に怒鳴られていたことだけ記憶にありますが、そのなかで思い出す事が二つあります。

　一つは、初乗船で、かなり経ったある日、船長から「航海当直、荷役当直のときには、自信を持ってやれ」と言われたことです。そのとき思ったのは、「任せられない者には、そんなことは言わないのではないか」ということでした。昔気質の船長だったからか、決して自分から近寄ることはしてくれません。といって「自分にやらせて下さい」とは言い出せず、もやもやしていた時期でした。

　どこかで認めて欲しいという気持ちもありましたし、若気の至りで、反発した態度をとったこともありました。今は、甘えていた自分に、とても恥ずかしい気持ちですが、この一言が私を変えてくれました。

　二つ目に、私が休暇で下船する時の船長の一言です。「これからも、怪我だけはするなよ」ただそれだけでした。そのとき、何かが吹っ切れた気がしました。その一言が無かったら、今の私は無かったかもしれません。

　厳しく指導を受け、「なにくそ！」という気持ちを持ってやってきたことは、決して無意味ではありません。今も悩むことはあっても、自信を持って「海のしごと」をしています。また、大きな事故もなくやってこられたのも、この初乗船の経験があったお陰だと思っています。

動かすしごと　#02

航海士
Officer

船長を助けながら、航海の計画、船の操縦や航海当直、
船に積んでいる荷物の積み込み積み出し、
船が安全に運航するため
船内全般の仕事を行うのが航海士です。
ここでは、現役の外航船航海士の方に
どんな仕事か紹介してもらいます。

書き手：川崎汽船株式会社
一等航海士　齊藤 学

どんな仕事をしているの？

　乗り物と聞いて、真っ先に何を思い浮かべますか。大空に翼を広げた飛行機、線路がどこまでも続く電車、夜の街を疾走する高速バス、いずれにも共通するのは、どれも運転（操縦）する人が必要ということです。もちろん広くて大きい海をいく船にも、「操縦する人」である航海士が乗っています。航海士の仕事は、ほかの乗り物と同様に、お客さんや貨物を無事に目的地まで届けることです。

　船がほかの乗り物と違うところを見ていきましょう。飛行機ではパイロット2名に交代要員、電車は運転士1名が決まった駅で交代、長距離高速バスも運転手1名に対して交代要員が便乗しています。では、船の航海士は何人乗っているのでしょうか。船以外の乗り物に共通するのは、ほとんどが長くて

も1日で目的地まで着きます。対して船は、たとえば横浜から北米サンフランシスコまで、夜通しで約2週間走り続けます。そのために、当直制と呼ばれる4時間を1名が担当し、合計3名（一等・二等・三等航海士）が1日に2回「船橋（せんきょう）」といって船を操縦するところに立つことで、24時間切れ目のない航海を続けています。

　さらに違うのは、航海士が自分でハンドルを握っていないということです。船のハンドル（舵輪といいます）は、専門の操縦する人が担当しています。航海士は他の船と衝突しないか、衝突をどのようにして避けるかなどの判断と操縦する人への指示に徹し、両者ペアになって船を操縦します（船を操縦することを「操船」といいます）。

　また職場である船上で長期間生活するのも、航海士の特徴です。たとえば外航船の場合、一度家を出れば、次に帰ってくるのは約

LNG船（液化天然ガス運搬船）。航海士はいろいろな船を操縦する（川崎汽船 提供）

当直中の航海士（川崎汽船 提供）

けられないため、航海士はそれらの業務も兼任します。ほかの乗り物の乗組員は、「運転」に特化しているのに対して、航海士は操船だけではなく、整備・点検、貨物の揚げ降ろし（荷役といいます）、緊急時の対処（消火活動など）も行います。

ただし、長期間の乗船に対しては、長く連続した休暇が与えられます。たとえば、6か月間乗船すれば、次の乗船まで約3か月は休暇期間となり、そこが他の職業との違いの一つといえます。

操船するのは、他の乗り物と同様、容易なことではありません。一歩間違えれば、衝突・浅瀬への座礁（船が乗り上げること）・火災や沈没による人的・経済的損失が発生します。さらに船に積まれている油が海へ流出すれば甚大な環境被害が発生します。そのため、航海士には、厳格な指示系統と各人の責任が明確に決められており、それに沿った行動が求

6か月後です。その間、船が職場兼自宅になり、衣食住完備で通勤時間なしの生活が待っています。反面、陸上ではあたりまえに使える水道・消防・救急などの公共サービスは受

コンテナの積み込み（荷役）作業（川崎汽船 提供）

大型のコンテナ船。航海士はさまざまな船を操船する
（川崎汽船 提供）

本は島国であり、衣食住そして工業製品を作るために多くの原材料を輸入し、作った工業製品を輸出することで成り立っています。電気をつくるための火力発電所は、海外から輸入する天然ガスや石炭といった燃料を使って発電しています。さらにはお米以外の食糧のほとんどを輸入に頼っています。また、輸出工業製品である自動車や液晶テレビなど、大量の貨物を輸送するためにはそれを効率的に運ぶ船が必要です。日本に限らず世界を見渡せば、五大洋（太平洋・大西洋・インド洋・南極海・北極海）で陸地が隔たれており、これを越えて物や人の移動をするためには、船もしくは飛行機で運ぶしかありません。飛行機は、スピードは速いものの、一度に運べる量は圧倒的に船が勝っています。船では横浜から北米サンフランシスコまで、約2週間かかると説明しましたが、飛行機では約10時間で着きます。ところが、一度に運べる貨物量は、街で見かけるトレーラーに詰まれた

められます。

なぜ、航海士は必要なのですか

皆さんも社会科で学んだと思いますが、日

自動車を運ぶ「DRIVE GREEN HIGHWAY」号（川崎汽船 提供）

コンテナ（大きな鉄の箱）換算で、飛行機が1個なのに対して、船は一度に約2万個もの数を運べるのです。

　いかに船が世界の物流に貢献しているかが、このことからもよくわかります。その船を安全に航海させるのが、航海士というわけです。日本という国にとって、航海士や機関士といった船員が生命線を担っているといっても過言ではないでしょう。

なぜ、航海士の仕事を選んだの？

　私の祖父は、大正9年生まれで師範学校を卒業し、学校の先生を目指していました。当時の義務であった徴兵に際し、海軍の門をくぐることとなりました。この祖父の選択こそが、孫である私の出生、ひいては航海士という職業を決定させたと言えます。私は幼い頃から長期の休みになると、必ず小学校の校長職を終えた祖父の家にお世話になっていました。

　この期間は、習い事や勉強づけの日常から解き放たれました。祖父は、旅行や近辺の散策をとおして勉強机だけでは学べないいろいろなことを体験させてくれました。そのなかで、私がずっと変わらず興味をもっていたのが乗り物で、特に祖父が乗っていたような軍艦をはじめとする船でした。東京から祖父の出身地である伊豆諸島を結ぶフェリーの体験乗船、船に関する雑誌や書籍、祖父が乗船していた当時の話などをとおして、純粋に「かっこいい」という思いから船が好きになったのだと思います。このように育った私は、中学生のときすでに、「船を造る」か「船に乗る」職に就きたいと決めていました。進路先の最終的な決め手は、祖父が船に乗る側であったこと、祖父の「航海士でなければ船長にはなれないね」の言葉と卒業後の選択肢の幅の広さから、東京海洋大学海洋工学部海事システム工学科に定め、一念発起、無事合格することができたのです。そして大学在学中に日本の豊かさを支える民間商船の活躍を知り、現在に至っています。

伊豆諸島を結ぶフェリー船（上）
東京海洋大学海洋工学部 越中島キャンパス（下）

仕事のやりがいを感じるのはどのようなときですか？

　約6か月に及ぶ乗船を終え、自宅に帰ってきたときに得られる安心感は、航海士だからこそかもしれません。下船する港に無事到着した際には、船橋に備え付けられている神棚

に必ず手を合わせ、無事に家に帰れたことに、感謝します。航海士は、全乗組員の命を預かっており、社会的にも大きな責任を持っています。たとえば、VLCC（Very Large Crude oil Carrier：超大型原油タンカー）と呼ばれる全長が東京タワーと同じ333ｍのタンカー１隻が運ぶ原油は、日本国内１日で消費される原油総量の半分にもなります。直接的な人命だけでなく、まさしく日本という国の生命線を背負っていることがわかります。これだけ大きな仕事を終えて、無事に帰宅できたときに感じるやりがいは言葉にすることができません。

川崎汽船研修所の操船シミュレーター体験会
（川崎汽船 提供）

川崎汽船研修所での操船シミュレーター体験会

　これだけスケールの大きな仕事なのですが、飛行機・電車・車といった他の乗り物に比べて仕事を選ぶときの人気度は残念ながらあまり高くありません。

　子どもの頃に興味を持つことは、実際に見て・聞いて・触れて自分もやってみたいという「体験」が必要だと思います。私も、商船と軍艦という違いはありますが、同じ「船」という舞台を目指すきっかけが子どもの頃の体験にありました。

　私の職場には、訓練のために船の操縦を模擬的に体験できる操船シミュレーターが設置されています。それを使って小学生向けに体験会を行った際の子どもたちの笑顔は忘れられません。

　船や航海士を知ってもらう・興味を持ってもらう立場となって活動することも、私の大きなやりがいになっています。このような活動から、私のように船に興味を持ってくれる子どもたちが多くなることを切に願っていま

す。

初めての乗船体験記

　平成23年の暮れ、寅さんの銅像に「行って参ります」の別れを告げ、「来なくていいよ」といっても付いてきた母が見送るなか、柴又駅からスーツケースを抱えて電車に乗りました。向かうは、まだ見ぬ愛知県豊橋市です。

　豊橋駅近くで一泊した後、これから乗る船が港に着くのに合わせてタクシーで向かったのですが、張り切りすぎてあまりに早く到着したため、港のゲートは閉まったままでした。冷たい潮風が吹くなか、今後を案じて立ち尽くしていましたが、幸いにも親切な警備員から暖房の効いた守衛室へ特別に案内して頂きました。そのとき、暗闇に浮かび上がる巨大なそそり立つ壁、私の乗船する自動車運搬船「ADRIATIC HIGHWAY」のお出ましです。総トン数５万９千トン・全長199メートル、自動車を約６千台積むことのできる、浮かぶ立体駐車場のような本船に乗り込み、航海士としての第一歩が始まりました。

アデン湾を航行する船と護衛する護衛艦（国土交通省 提供）

半年の乗船期間で、アジア（中国・香港・台湾・タイ・シンガポール・UAE）・アフリカ（エジプト・アルジェリア）・ヨーロッパ（ベルギー・ドイツ）・オーストラリア（メルボルンなど）と多数の国に寄港しました。この航海の途上では、狭く、水深が浅く、そして多数の船で混雑する航海の難所として名高いシンガポール・マラッカ海峡・スンダ海峡・スエズ運河の通狭、はたまた、当時、船員を人質に取り身代金を要求する、凶悪な海賊事案が依然活発に発生していたソマリア沖のアデン湾を航行しました。テレビのニュース報道でしか知りえなかった現場の緊張感を感じる貴重な経験を得ました。

先輩航海士と一緒に当直に入る見習い航海士を卒業し、船長から初めて自分一人（操舵手とのペア）で操船を任されたのは、乗船後2か月が経過した地中海航行中のことでした。自身が責任のある立場で行動しなければならない重大さに、当直時間中の4時間ずっと足が震えていたのを覚えています。それが毎日のように続き、いつからかその責任の重大さが心地良く、航海士として船橋に立てる喜びをかみしめるようになりました。加えて、航海の難所であるスンダ海峡は、インドネシアのスマトラ島と首都ジャカルタのあるジャワ島を隔てており、昼夜を問わず連絡船がひっきりなしに航行しています。その連絡船の合間を縫って、船長の監督の下とはいえ

アデン湾など海賊多発海域（国土交通省 提供）

ギリシャの港に停泊する船たち

自分の判断で操船した経験は、新人航海士で
あった私に決断する勇気と自信を与えてくれ
ました。

　このように航海士として乗船すると、多く
の国に寄航します。船によっては短い時間で
すが、休息時間を使って上陸することができ
ます。私もヨーロッパのギリシャに寄航した
際は、首都アテネを散策し、歴史的な建造物
であるパルテノン神殿も見学しました。これ
も、外国航路（外航）船の航海士ならでは
の楽しみのひとつです。乗船後半には、航海
士を目指すきっかけとなった祖父が、ちょう
ど70年前に航行した珊瑚海を航行しました。
祖父が見たのと同じ色の海を目に焼き付け、
航海士でなければ味わえなかった胸の高鳴り
を感じました。

スエズ運河と齊藤一等航海士（川崎汽船 提供）

動かすしごと　#03

機関長（機関士）
Chief Engineer（Engineer）

「機関」は、船を動かすための動力となる
「エンジン」のほか、発電機や清浄機、
その他電気機器などを指します。
これらを扱う部署を「機関部」といって、
この機関がなければ、どんな船でも動きません。
この「機関部」の責任者が機関長で、
機関長の指示をうけて、あらゆる機関を
駆使し作業をするのが機関士の仕事です。
ここでは、大型船の機関長として
お仕事をされていた方が仕事を紹介します。

書き手：一般社団法人日本船舶機関士協会
　　　　会長　井手祐之

新造船艤装中の主機関（日本船舶機関士協会 提供）

どんな仕事をしているの？

船舶機関士とは、機関部門の管理者のことを言います。そのほかに機関部員がいて船の機関に関わる仕事をしています。機関部での最高責任者が機関長で、船を動かすために必要なエンジンや発電機、ボイラなど運航機器の適正な運用と、性能を維持するために運転状況の監視、機器の整備、ときには故障した機器の保守修理を行います。

機関長のもとで仕事をする船舶機関士は、一等〜三等に分かれており、一般的に一等機関士は機関部を管理し、主機関を担当して作業を直接指揮する立場にあります。二等機関士は発電機や補機、燃料油、労務管理を行い、三等機関士は電気、冷凍機、補助ボイラ、甲板機械を担当しています。

航海中は、交代で 24 時間機関室を監視しますが、現在の大型船は MO（エムゼロ）船といって機関室無人化の船が大半を占めています。MO 船では、3 名の機関士が順に当番機関士として、夜間にアラーム（各機関士の居室や公室には警報装置が設置されている）が発生した場合の処理にあたります。

MO 船の 1 日は、朝の見回り（運転機器の状況や異音、匂い、温度、漏洩等の有無確認）から始まり作業打合せ、朝食、予定作業（計画に基づく機器の整備や修理作業など）実施、運転調整や運航記録の管理、整理、報告書の作成などを分担して行います。当番機関士は MO にするための MO チェック（チェックリストにより各機器の運転状態確認）を行い、異常が無ければ、機関部全員で作業後の反省や明日の作業予定の打合せ後、機関長の指示で MO 開始を船橋に知らせて機関部作業は

機関制御室での当直中（日本船舶機関士協会 提供）

終了となります。

　その後は夕食、就寝、夜間 MO 当番という日課になります。

　機関部の部員は数名で、MO を実施するための準備作業や、当日の予定作業を行います。

　機関部全体で 7 〜 8 名程度の要員がおり、船全体でも通常は 20 数名の乗組員で、24 時間体制で船が運航されています。

　最近の日本籍の外航船では、日本人と外国人がいっしょに乗る混乗船がほとんどで、日本人は船長、航海士、機関長・機関士を含めて 5 〜 6 名だけです。

船舶機関士はなぜ必要なの？

　世の中のモノを運ぶ手段としては、一般的には航空機、自動車、船があります。

　昔は航空機にも航空機関士の乗務が義務付けられていましたが、現在は航空機、自動車（バス・トラック・乗用車）ともに機関士は乗っていません。なぜなら航空機や自動車を動かす原動機や制御機器は信頼性が高いことがあげられます。何か機器に不具合があっても専門の整備が受けられる体制ができているので機関士乗務の必要がなくなったのだと思います。

　これに対して船の場合は、信頼性が向上しているとはいえ、同一使用機器台数が限られ

機関を確認する機関士と点検をするチーフエンジニア（川崎汽船 提供）

ており、予測できないトラブルへの対処などがあります。海上の気象や天候による影響が強いため、周囲の状況を見ながら適正に機関を運転管理したり、継続的に運航するための保守管理など、必要な作業の多さが船舶機関士が必要とされる根本的な要因と言えます。

　最近の船では船と陸の間の通信機能が発達しており、運航している船の性能を陸上で把握できるようになって船舶機関士の仕事の一部業務が肩代わりされるような体制も考えられているなど、業務内容が変化しつつあります。

　そのほか、船のエンジンで航空機や自動車との大きな違いは、使っている「燃料の質」です。原油からつくられる燃料油で、最初に抽出される良質で揮発性の高いジェット燃料やガソリンは航空機や自動車に使われますが、船では最後に残ったコールタール、アスファルトなどからつくられる重油を加熱して使用します。

　エンジンにとって燃料は人間の食糧と同じですから、質の悪い燃料を使えば腹痛や下痢（機関でいえば燃焼不良や煙突からの発煙、燃焼室の異常摩耗や出力不足）を起こしてしまいます。ですので、油清浄機を使って不純物や水分を取り除き、スラッジ（加熱後の残りカス）除去や燃焼促進の目的で添加剤を加えたりしなければなりませんが、この燃料の管理（使用計画や補給計画の策定も含め）は船舶機関士の大きな任務です。

　また、人間で言えば血液に相当する機関には、必要不可欠な潤滑油の品質管理も船舶機関士の仕事です。

　さらに、船舶では海水による塩害と振動の影響が大きいので機器の故障が多いことと、洋上では簡単に修理ができないので、最寄りの港まで辿り着くだけの応急修理ができる船舶機関士の乗務が必要なのです。

巨大な二重反転プロペラ（上）
（ジャパン マリンユナイテッド 提供）
シリンダーカバー、排気弁が並ぶディーゼル主機関（下）
（日本船舶機関士協会 提供）

33

いろいろなカメラを必要なところに多数設置しておけば船舶機関士の監視業務は必要ないのかもしれませんが、船舶にとって火と水が最大の脅威であり、火災や浸水に対して早期に対応するためには、やはり人間の五感と判断力によるところが大きいと思います。

なぜ、機関長（機関士）の 仕事を選んだの？

私は子どものころから機械イジリが好きでした。近所の子どもたちのオモチャを直して喜ばれるのが嬉しくて、将来はそのような仕事をしたいと思っていました。

高校生になって自分の進路を選択するときに、「機械好きは良いけど造る方なのか動かす方なのか」と担任の先生に聞かれ、迷わず「動かしたり修理したりする方です」と答えたことを覚えています。

機械を動かすといっても「大きいのから小さいのまでいろいろな仕事があるぞ」と先生に言われ、いろいろ調べていくなかで、船の機関士はまさに「機械を動かし修理する仕事」なのだということがわかりました。同時にタダで外国に行けることも魅力でしたので、外国航路の船舶機関士を目指して商船大学へ進んだのです。

今から思えば、船舶機関士は私にとって天職だったと言えます。機関士の勉強がいやだと思ったことはなく興味津々で技術を覚えました。苦労もありましたが、楽しい機関士生活を送りました。

仕事のやりがいを感じるのは どのようなときですか？

船にはたくさんの機械類があります。いろいろな要因で故障・トラブルが途絶えることはありません。

推進用のプロペラを回す主機関、電気を起こす発電機関、蒸気を作るボイラ、燃料や潤滑油や冷却水を供給する各種のポンプ類、燃料を加熱するヒーターや冷却するクーラー類、船内の空調装置、食糧用冷蔵庫の冷凍機など数え上げるときりがないほどの機械類と、それらを制御する油圧や電気の制御機器や配線のすべてが正常に作動しているかどうか、常に状態を「目で見て」「手で触って」判断し、何か前兆があれば的確に対応し未然に故障を防ぐことが重要です。

機械の異常や作動不良が起きたとき、まずは故障個所を特定し対策を講じます。

特に制御や電気に関係する不具合は簡単には故障の個所が見つからず、その図面を手元にあれこれ調べるのですが、不具合の箇所を特定して、予備の部品と取り替えて作動が良くなったときには大きな喜びとやりがいを感じます。

機関室で作業する機関士（川崎汽船 提供）

主機の整備をする機関士（川崎汽船 提供）

また、主機関の解放整備作業などを終わって、主機関を順調にスタートさせたときの達成感も捨てきれません。

乗船中のエピソード 「ヒヤリハット」を教えて

船の中で一番怖いのは浸水と火事です。

当時、一等機関士として乗船しているときのことです。潤滑油冷却器（潤滑油を海水で冷却する装置）には整備作業するときに内部の冷却海水を抜くバルブがあるのですが、このバルブが腐っているのに気づかず、航海中に破損して大量の海水が流れ出てあわや沈没かとヒヤッとしたことがありました。

幸い、冷却海水の入口と出口の弁を完全に閉めることができて、腐ったバルブを新品に取り換えて事なきを得ましたが、日ごろの点検見回りに油断があったことが原因です。

また、発電機の燃料パイプが破れて排気管に燃料油が降りかかり発火したことが何度かあり、これも肝を冷やしました。

おもな燃料供給パイプは、万一に備えて二重管構造になっていますが、燃料噴射弁が過熱しないように燃料供給パイプに並行して冷却油管が配管されているのですが、この冷却油管が振動で破断して冷却油が飛び散ったのでした。

これも日ごろの見回り点検を念入りにしておけばパイプが振動しているのに気付いて事

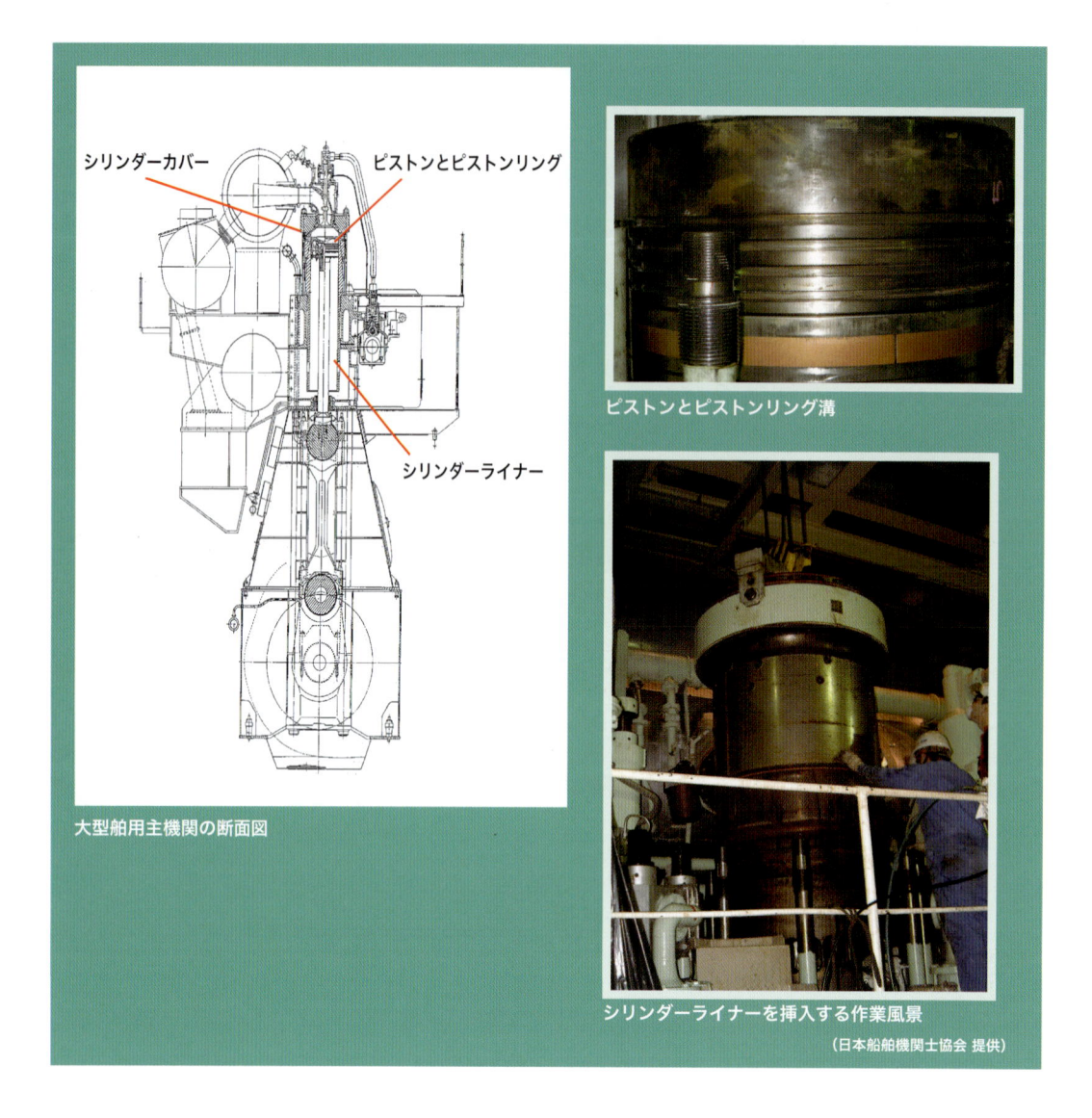

シリンダーカバー　ピストンとピストンリング

シリンダーライナー

大型舶用主機関の断面図

ピストンとピストンリング溝

シリンダーライナーを挿入する作業風景

（日本船舶機関士協会 提供）

前に対処できたと反省しました。

　一方、楽しかったことも多く、重要な整備やきつい作業が終わったときに行う慰労会や、乗組員の誕生日に船内パーティーを開いたりしたことなどはその一つでした。

　一緒に乗船している乗組員は日本人ばかりでなく、船によってはインド人やフィリピン人、欧州人が同乗しています。フィリピン人は根っから陽気で一緒になって歌ったり踊ったりしたものです。これも楽しい思い出です。

　また、乗船後には長期間の休暇（最近では6か月乗船して、3か月の休暇）があり、家族とともに旅行をしてリフレッシュしたり、友人たちと会って情報交換をしたり、趣味を謳歌することができるのも魅力のひとつです。

メンテナンス作業の一例

　機関の整備―すなわちメンテナンスの一例

さまざまな計器がならぶ機関制御室
（海技教育機構 提供）

機関制御室とコントロールスタンド
（海技教育機構 提供）

を紹介します。ディーゼル主機関の燃焼室を形成するシリンダーカバー、ピストン、ピストンリング、シリンダーライナーは、運転による爆発や摺動を受けて、経年的にも、燃料油の品質によっても部品の損傷や摩耗障害を受けるため、10,000 〜 12,000 時間の運転間隔で、これら部品を解放して整備するピストン抜き作業の実施が必要になります。

大型船では、この機種のピストンの外径は 80㎝、エンジンの全体幅は約 7 m、高さは約 14 m、重量はシリンダーカバー完備品が約 7 トン、ピストン完備品が約 3.5 トン、シリンダーライナー完備品は約 6.5 トンです。この組み合わせのシリンダーブロックが 6 〜 12 個あって、機関全体の長さは 10 m 以上になる場合もあります。この巨大な機関が何万トンにもなる大きな船を動かしているのです。それを整備し、動かすのが機関士の仕事なのです。

水先人
Pilot

書き手：日本水先人会連合会

世界中、日本中にはさまざまな環境の海、港が存在します。
そのさまざまな海、港に入出港する際に、
船を安全に動かし案内をする重要な役割をもつのが
「水先人」＝「パイロット」です。
パイロットというと、飛行機を思い出しますが、
海の水先人＝パイロットがもとになっているのです。
ここでは、現役の水先人の方に仕事の概要を紹介していただきます。

入港を見守る水先人（日本水先人会連合会 提供）

どんな仕事をしているの？

　普段私達は陸で生活をしているため、海の上を移動する船の通航ルールを知る機会を持っている人は少ないのではないでしょうか。海は陸上とは違いとても広く感じられます。このため、一見船はどこを通ってもいいように思われがちですが、実は陸上と同じく、航行安全のためのさまざまなルールが定められています。

　例えば、船の通る道（航路）もきちんと決められていますし、灯台を始めとする標識（航路標識）や「浮標」といって、海の真ん中に浮かんでいるものが数多く設置されています。陸上と同様、安全のための取り組みは、海上でも変わりはありません。

　日本周辺の海は、漁船、旅客船、タンカーや貨物船といった大小さまざまの船舶が常に行き交っています。特に港の周辺等では船舶が集中し大変混雑しています。また、海上では、波、風、潮流といった自然条件が刻々と変化しています。

入港する大型旅客船

船長とともにブリッジから水域を見つめる水先人（日本水先人会連合会 提供）

たくさんの船舶が行き来する横浜港

全国の水先区（日本水先人会連合会 提供）

（図中の地名・区名）

水先区（35区）
強制水域（10区）

留萌　小樽　苫小牧　釧路　室蘭　函館　八戸　秋田船川　釜石　酒田　仙台湾　新潟　七尾　伏木　小名浜　大阪湾　舞鶴　鹿島　東京湾　田子の浦　清水　境　関門　博多　佐世保　島原海湾　小松島　尾鷲　伊勢三河湾　和歌山下津　長崎　細島　鹿児島　内海（瀬戸内海全域）　那覇

備讃瀬戸区　大阪湾区　来島区　関門区　佐世保区　東京湾区　横浜川崎区　横須賀区　伊勢三河湾区　那覇区

　そのようななか、船長は、ときには全長300mにも及ぶ大型船を安全に航行させるため、最大限の注意を払っています。

　しかし、どれほど優秀な船長でも、すべての水域の事情を把握するのは不可能です。そこで、船が複数行き来する水域を航行する際や入出港のときは、その水域特有の事情を熟知している専門家にアドバイスを受けること

になります。その役割を果たすのが「水先人（パイロット）」です。

　300メートルを超えるような大型船の操船には、想像以上に多くの危険が伴います。小回りがきかないため、航行の際には十分な広さや水深を必要としますし、障害物を見つけて急停止しようとしても、数キロ先まで進んでしまうこともあります。さらに、船舶は、

パイロットボート（日本水先人会連合会 提供）

船に乗り込む水先人（日本水先人会連合会 提供）

波、風や潮流の影響を受けやすいため、天候の急変や潮流の変化にも常に注意していなければなりません。

　水先人はこのような条件のなか、卓越した知識や技能を駆使して船舶を安全かつ迅速に導いています。水先人が乗り込んだ場合の安全率はそうでない場合の 9.7 倍にもなるとも言われており、その効果は絶大です。

なぜ、水先人の仕事は必要なの？

　日本は食料、燃料や工業用原材料といった資源の多くを輸入に頼っており、その 99%以上が船舶によって運ばれています。これら大量の貨物を運ぶため、毎日数多くの船舶が日本の港を出入りしています。私たちの生活は、船舶によって支えられているのです。

　このため、もし船舶が予定通りに入港できなかったり、事故を起こしたりして物流が停止してしまうと、経済に混乱を来し、私たちの生活にも大変な影響が及ぶこととなります。

　そうした事態を防ぐため、水先人は日夜働いています。水先人は、船舶の安全を通じて私たちの生活を支えてくれているのです。

仕事のやりがいを感じるときと水先人の一日

日本全国35か所の港や船舶交通の混雑する水域が水先区として設定されており、全国で650名あまりの水先人が、日々現場で活躍しています。

そのなかの一つ、東京湾水先区水先人会の横浜事務所においては、日勤と夜勤の二つの勤務パターンがあり、約60人の水先人が交代で1日100〜120隻の船舶の水先を行っています。

①出発

水先艇に乗船し、パイロットステーション[1]に向かいます。約束の時間に遅れず到着できるよう、余裕を持って事務所を出発しています。

水先を担当するコンテナ船(約66,000総トン、全長277メートル)に乗り込みます。パイロットラダー(縄梯子)やアコモデーションラダー(可動式の階段)を昇って乗船するため、転落しないよう細心の注意が必要です。

②船長との情報交換

乗船後、船橋(ブリッジ)[2]に向かい、ここまで船舶を導いてきた前任の水先人から業務を引き継ぎます。船長から船舶の性能など操船に必要な情報を入手し、水先人からは航行計画や港の状況などを船長に説明します。

③航行業務開始

風雨や潮流などの自然条件を考慮し、他の船舶との衝突を避けるため的確な判断を下し、適切な針路や速力を船長にアドバイスします。

④入港、接岸作業

港の入口にある防波堤の近くまでくると、タグボート[3]が支援に加わります。大型船

船長にアドバイスをする水先人 (日本水先人会連合会 提供)

は、狭い港内では速度が遅くなって舵が効きにくくなり、また、微妙な制御が必要となるので、タグボートを使用して、船舶の動きを制御します。港内を進み、目的の岸壁に近づくと、船舶のエンジン操作やタグボートに対する押し引きの指示が頻繁になります。

風や潮流を考慮しながら岸壁に接近し、数センチ単位で船を移動させながら安全に着岸させます。無事に港に着けることができたとき、達成感と安心感でいっぱいになります。

⑤業務終了・下船

船を岸壁に係船した後、水先証明書に船長のサインをもらい、業務を終了します。船長からの感謝の言葉とともに握手を交わし、下

※1　パイロットステーション：水先人が水先要請船と合流して乗船するために設定された水域
※2　船橋(ブリッジ)：見張りや船舶の操縦を行うための部屋。視界を確保するため、船舶の最上部に設けられています。

タグボートで大型船を移動する（上）／
無事に着岸した大型船（右）

船します。2隻目以降の業務が予定されている場合は、引き続き水先業務を行います。

　すべての仕事が終わると水先人会事務所に戻り、本日の業務記録の作成や明日の作業スケジュールなどの確認を行い帰宅します。

　このように船が航行する水域の特徴を熟知するとともに、船を動かす技術や知識も豊富に持っていなければならないのが水先人なのです。長く船長の経験を積んだのち、試験を受けて資格を取らなければなりません。まさに、操船のスペシャリストということができるでしょう。

※3　タグボート：船舶や海上構造物を押したり、引き綱（ロープ）で曳いたりして動かす船舶。大型船の離着岸等の補助によく使用されます。船舶の大きさや気象条件によって異なりますが、多いときには一度に4、5隻のタグボートが使用されることもあります。

内海水先区二級水先人

田中英輔 さん

●普段どの様な服装で仕事されていますか

上からアウトドア用のサファリハットを被り、スーツを着て乗下船します。

雨天時はスーツの上にアウトドア用のレインコートを着ています。

水先人を知らない人に「スーツでハシゴを昇って船に乗りますよ。」と話すと、「えーっ!? 何それ?」と言われます。私たちや船業界の方々は慣れていますが、世間から見たら異様な光景なんでしょうね。

ちなみに、先輩キャプテン方々のような「水先人ハット」(遠くから見ても水先人とわかるようなハット)を被ろうとしたこともありますが、似合わないのでやめました。

二、三級のパイロットはキャップやサファリハットが多い気がします。

●水先業務をスムーズに行うために 心がけている事はありますか?

乗船前は仕事をスムーズに行えるように日頃から「心を整えておく」ことを心がけています。要約すると「夫婦ゲンカをしない」となりますかね?(笑)

家でためたモヤモヤを抱えて仕事すると、絶対うまくいかない気がするからです。

気象海象、他船、漁船漁網など、乗船中は嫌でも色々なことを考えなければなりません。田中家では、ケンカしていても家を出る前はニッコリ「いってらっしゃい」と言ってもらいます。

乗船してからは、船長以下乗組員と早く仲間になることです。仕事とはいえ、人対人なのでどちらかの一方通行では思っていることが伝わりません。不安を与えない様に航海計画を説明し、しっかりコミュニケーションをとります。内海水先区水先人会のFacebookでは、「たなログ」という乗船した船の食事などを紹介するコラムがあります。そちらで使用するために食事の写真を撮ったり、メ

ニュー名を聞いたりすると自然と盛り上がり、話しやすい雰囲気になって一体感が生まれていきます。

●仕事中、緊張する瞬間や神経を使う場面は ありますか?

乗船する船が確定して本船に乗るまで、幾度となく「風や潮は大丈夫かな〜?」とか、「内航船や漁船は多いかな〜?」など気になります。やはり本船に乗るまでが1番ドキドキします。乗ってしまえば自分がやるしかないので、自然と集中して、いつの間にか緊張がほぐれていますが、場面場面でヒヤヒヤしたり、緊張したりすることはたくさんあります。研修中に「その気持ちがなくなったら事故するぞ!」と指導水先人に教わりましたので、一生フレッシュマンでいるつもりです。

●仕事中、危険な目にあったことはありますか?

風速17〜18m/s 程吹いている大風の時に空船の船を着岸させようとして、本船の行き足が止まらず、岸壁前に来たにも関わらず引き返したことがあります。タグの賢明なアシストがなければ、岸壁に接触していたかも知れません。船の針路が港外に向いた時は足の震えが止まりませんでした。もうあのような思いは二度としたくありません。

●水先という仕事の魅力はなんですか？

　もともと船を動かすのが大好きで、いろいろな船を操船できるというこの仕事は、私にとって天職です。また、仕事は1回完結が基本ですので、毎回気持ちを新たに仕事ができるところも魅力です。

　乗船して、スケジュール通りに船を走らせて、なおかつ仕向地まで安全に船を持っていく。毎回条件が異なり、トラブル発生など難しい時もありますが、全て終わった時はホッとします。

　また、瀬戸内海の国立公園をエリアとする内海水先区では、視界のいい日は瀬戸内海の多島美を贅沢に味わうことができますので、今度この島に行ってみようとか、ついつい考えてしまいます。以前、かつて戦時中に毒ガス島として海図にも記載されていなかった瀬戸内海の島「大久野島」は、今ではウサギの島として有名ですが、この大久野島の南側を航行することがあり、ウサギまでは見えませんでしたが、たくさんの人がいて楽しそうだなと、少しうらやましくなる事もありました。

●仲間との繋がりはありますか？

　やはり、水先人になるための実習と試験を共にした同期とは、固い絆で結ばれています。知らないバースやヒヤリハット、その他必要なことはすぐに聞けて、情報を共有できますので、この同期とは一生の仲間です。

　また、同期以外では三級水先人出身の先輩や後輩とは、タイミングが合えばよく食事に出かけます。私自身、皆でワイワイやるのが好きなので、仕事のない人を見つけては「食事いきませんか？」とお誘いします。三級出身の先輩方は皆さん優しい方ばかりなので、私のワガママにも付き合っていただいています（笑）

　食事の時にポロっと仕事の話をしてくれて、それが私のヒントとなり次の仕事に繋がる事がたくさんあります。

●休日はどのように過ごされていますか？

　水先人とは別に、三児のパパもやっており、子どもらを飽きさせずに、また夜スヤスヤ寝てもらえるように体を使って思いっきり遊びます。最近では、家族で登山に出かけ、前は「抱っこ抱っこ」と言っていた子どもたちがちょっとした岩を登って行ってくれる姿に感動し、ウルウルしてしまいました（笑）

　また、休みが合えば先輩や同期と船釣りにも行きます。

**●水先人を目指されている方への
　メッセージをお願いします**

　水先人という仕事はとてもやりがいがあります。船舶で事故を起こせば、甚大な影響がでて、海上だけに関わらず陸上にも被害が及び、最終的には日本の国益にもつながってくる重要な仕事です。私たちと一緒に島国JAPANを支えていきましょう。

「動かすしごと」取材・執筆等協力者

一般社団法人日本船長協会

〒 102-0083　東京都千代田区麹町 4-5

海事センタービル 5 階

TEL：03-3265-6641

一般社団法人日本船舶機関士協会

〒 102-0083　東京都千代田区麹町 4-5

海事センタービル 5 階

TEL：03-3264-2518

川崎汽船株式会社

〒 100-8540　東京都千代田区内幸町 2-1-1

飯野ビルディング

TEL：03-3595-5000

日本水先人会連合会

〒 102-0083　東京都千代田区麹町 4-5

海事センタービル 6 階

TEL：03-3262-7511

国土交通省海事局

〒 100–8918　東京都千代田区霞が関 2-1-3

TEL：03-5253-8111

第3章
運ぶしごと

CHAPTER 3 carrying work

外航船 / 内航船 / フェリー
Ocean-going Vessel / Domestic Vessel / Ferry

特殊作業船 Special work boats
(Salvage / Heavy Lifter / Barge)

外航船 / 内航船 / フェリー

Ocean-going Vessel / Domestic Vessel / Ferry

「海のしごと」を代表するのが、
さまざまな貨物や人を運ぶ「海運」です。
周囲を海に囲まれた島国である日本は、
外国からの物資輸送の 99% 近くを船で運びます。
外国から運ばれた物資もまた、
多くの船で日本の各地に届けられます。
ここでは、海運を支える
外航船、内航船、フェリーを紹介します。

1　外航海運

　まわりを海に囲まれた日本は世界中の国々と「海」でつながっています。資源の乏しい日本は、原油や石炭、天然ガスなどのエネルギー資源、鉄をつくる鉄鉱石や木材などのほか小麦など、生活に必要な「衣食住」のもととなる原材料の多くを外国からの輸入に頼っています。そして、それらをいろいろな製品に加工して輸出しています。そのほとんどが、船を使った海上輸送で、そのうち、6割が日本の船、すなわち、日本商船隊により運ばれています。

　世界中の人たちへ生活に必要なものを運ぶ、とても重要な役割を果たしているのが、「海運業」になります。

　なかでも、外国からモノを運んで来たり、外国にモノを運んだりする「外航海運」の仕事は、世界の経済が発展し続けるために、欠かせない仕事なのです。

　毎年、船でモノを運ぶ量、すなわち海上輸送量はどんどん増加してきています。それにあわせて船がモノを運ぶ力（輸送力）「船腹量」も同じように増加しており、海運が成長を続けている産業であることがわかります。

　このなかで、日本の船である「日本商船隊」は、世界の船腹量の1割を占めていますが、昔から、日本は「海運国」として、世界中のためにがんばっています。

　もし、外航海運の仕事がなかったら、資源の輸入ができなくなりモノを造って輸出することもできず日本の経済が成り立たなくなってしまいますので、とても大事な仕事なのです。

　世界中のモノを運ぶ船を外航船といい、世界の海を航行しています。100トン以上の大きな船は、世界に88,000隻もあるといわれています（日本船主協会資料より）。毎日が晴れの静かな天気ばかりならいいのですが、台風にあうこともあれば、船同士が衝突したり、浅い海で乗り揚げてしまったり、狂暴な海賊に襲われることもあります。

　こうしたなかでも、船を動かしている「船会社」にとって、船と船員の安全は絶対です。そのために、船会社は、航行安全のためのいろいろな取り組みを行っています。

　まず大事なのは、船を動かす人たちの教育です。船を運航する船員は、専門技術が必要な職業です。

　船長、機関長をはじめ、いろいろな役割をもった船員が協力して、24時間365日、安

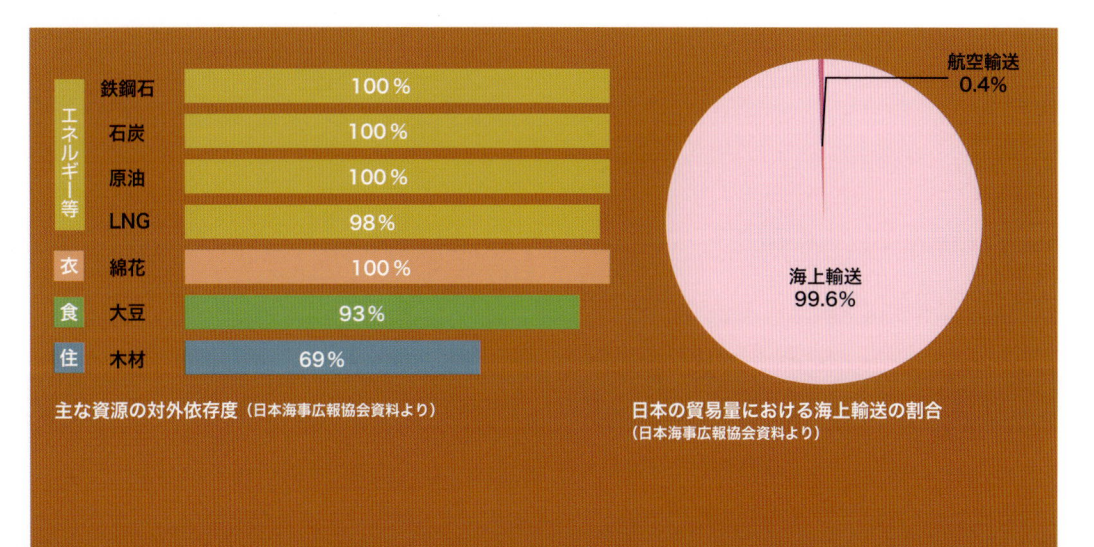

エネルギー等	鉄鋼石	100%
	石炭	100%
	原油	100%
	LNG	98%
衣	綿花	100%
食	大豆	93%
住	木材	69%

主な資源の対外依存度（日本海事広報協会資料より）

航空輸送 0.4%
海上輸送 99.6%

日本の貿易量における海上輸送の割合
（日本海事広報協会資料より）

全運航に努めています。

　そのほかにも、海上貨物量の増加により二酸化炭素（CO2）や大気汚染物質の排出量が増え、地球温暖化などさまざまな環境問題に影響を与えています。そしていったん事故がおこれば、油などが流出して環境にとても悪い影響を与える海洋汚染を引き起こす可能性もあります。このため、海洋や地球の環境を守るため、そして航行安全や船員の資格など、世界で決められた国際ルールが IMO（国際海事機関）というところで決められています。IMO は国際的な航海を行う船が安全に運航できるように世界統一のルールづくりなどを行っています。また、それぞれの船会社でも環境を守るための最新技術を取り入れ、船を造る「造船会社」などと協力して開発に取り組んでいます。

　外航海運で活躍している船は、いろいろな種類があります。そのうち代表的なものを以下に紹介します。それぞれが、毎日の生活に必要となる原材料や製品を運んでいるのです。

●コンテナ船

国際規格で決められた、海上輸送用の箱「コンテナ」を専門に運ぶ船のことです。コンテナでは、生活雑貨、家電などいろいろなものを運ぶことができます。コンテナ貨物は同じ形のまま運ぶことができるので、船からトラック、鉄道などへの積み替えが容易です。これによって、海から陸への一貫輸送が実現し、輸送のスピードアップにつながりました。

●ばら積み船（鉱石船・石炭専用船）

船倉という船に貨物を積むための区画に、穀物や石炭、鉄鉱石などを積み込んで運ぶ船です。写真は鉄鉱石と石炭を運ぶ専用のばら積み船です。鉄鉱石や石炭を積む船倉はいくつかの区画に分けられています。

（川崎汽船 提供）

●原油タンカー

タンカーは、エネルギー源となる原油や液化天然ガス、液化プロパンガス、化学薬品などを運ぶ船で、原油を運ぶ専用のタンカーを原油タンカーといいます。世界中の生活・生産活動に欠かすことのできない資源である原油を、大量に運ぶことができるよう、50 万トンを超える超大型のタンカーもあります。

（川崎汽船 提供）

● LNG 船

タンカーの一種で LNG（液化天然ガス）を運ぶ船です。天然ガスをマイナス 162℃の超低温で液化して運ぶため、特殊な材質と形状のタンクを持っています。

● LPG 船

タンカーの一種でLPG（液化石油ガス）を
運ぶ船です。LNG船と同様に冷却したり、
加圧したりして液化した石油ガスを、船倉内
の防熱処理したタンクに積んで運びます。

● 自動車運搬船

自動車を専用に運ぶ船です。船の中は階層構
造で立体駐車場のようになっています。積み
込むときは、クレーンなどは使用せず、専門
のドライバーが自動車を運転して積み込みま
す。バスやトラックなど大きな車両を積み込
むこともできるよう、高さに合わせて床の一
部を上下することもできます。大きなものは、
自動車を数千台も積むことができます。

● 外航客船

クルーズ船とも言います。観光やレジャーの
ための客船です。世界一周クルーズなども頻
繁に行われ、その船内は「動くホテル」と
いってもいいほどです。宿泊するための部屋
はもちろん、レストラン、ラウンジ、映画館
やプールなどのさまざまな設備のほか、船旅
を楽しむための充実したサービスが行われま
す。15万トンを超えるような大型客船もあ
り、3,000人もの旅客が優雅な船旅を楽し
むことができます。

2　内航海運

　内航海運は、船で国内の港から国内の港へ
貨物を運ぶ仕事です。日本国内でモノを運ぶ
のは、トラックや貨物鉄道などが思い浮かぶ
かもしれませんが、内航海運は、国内すべて
貨物のうち、約4割を運んでいますが、石
油製品、鉄鋼、セメントなど大量に運ぶもの
は、内航海運が8割を運んでいます。日本
では昔から「北前船※」とよばれる船などに
よって、モノを運ぶことが盛んに行われてい
ました。いまでは6,000隻あまりの「内航船」
が港と港を結び、モノを運んでいます。

　そのほか、内航海運で運ぶおもな貨物には、
石灰石、穀物飼料、紙、自動車、砂利、日用

※　北前船：江戸時代に北海道や日本海地域から大阪へ米や魚などの品物を運んだ商船。日本海から下関、瀬戸内海を経由
　　する西廻り海運のこと

雑貨、食糧、石油製品、LPガス、石油化学製品など、いろいろなものがあります。おもしろいものでは、新幹線や地下鉄の車両なども運んだりもします。

内航海運は、このようにいろいろな貨物を運び、「国民の生活を支える縁の下の力持ち」として日々活躍しています。

最近では、道路の混雑や騒音、自動車の排気ガスによる地球温暖化への影響などの問題が話題にあがっていますが、内航海運はトラックと比べて、省エネルギーで環境にやさしいとして期待が高まっています。

内航海運で活躍している船は、大きさなどの違いはありますが外航海運の船と同様の種類があります。そのうち、国内で貨物を運ぶ、代表的なものを以下に紹介します。

●一般貨物船

ばら積み船の一種ですが、貨物を運ぶための最も一般的な船です。機械や家具、食料品や衣類などさまざまな貨物を積むことができます。船倉もいろいろなものを積めるような構造となっています。

●セメント専用船

土木や建設工事に欠かせないセメントを運ぶ船です。セメントは粉末のため、ベルトコンベアや空気圧によって積み降ろしを行いますので、船にはそのための設備も装備されています。

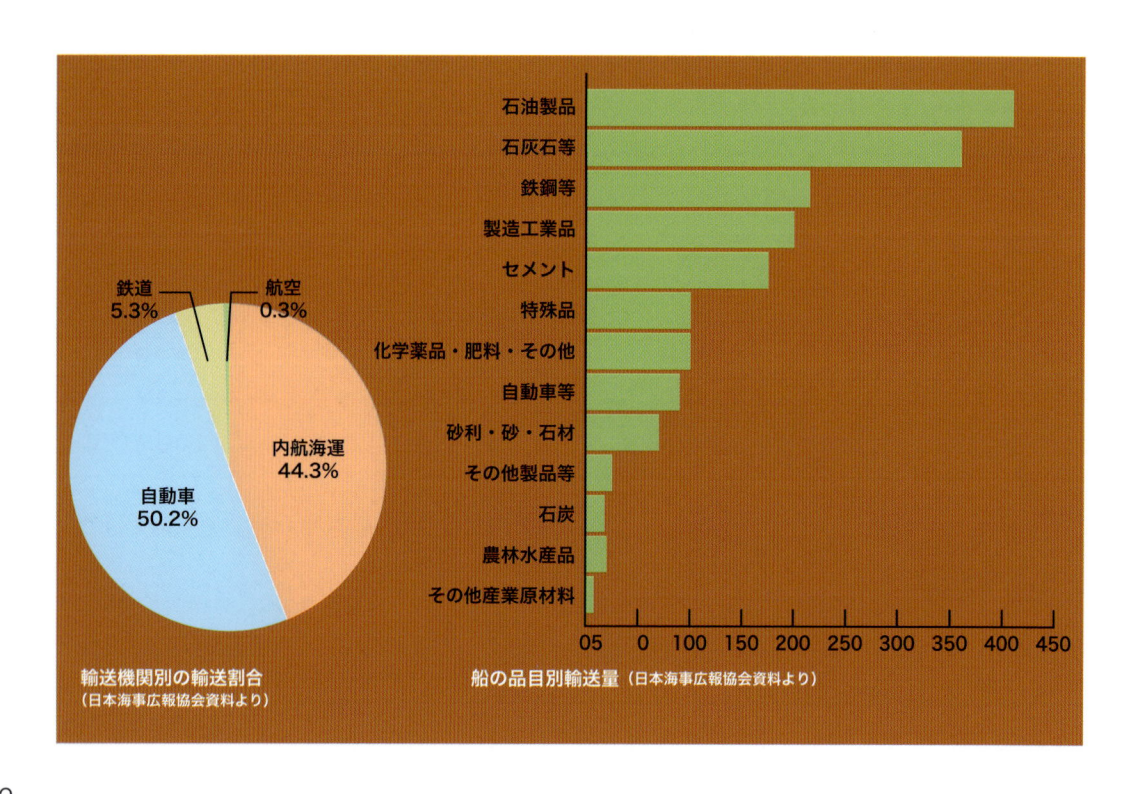

輸送機関別の輸送割合
（日本海事広報協会資料より）

鉄道 5.3%
航空 0.3%
内航海運 44.3%
自動車 50.2%

船の品目別輸送量（日本海事広報協会資料より）

石油製品
石灰石等
鉄鋼等
製造工業品
セメント
特殊品
化学薬品・肥料・その他
自動車等
砂利・砂・石材
その他製品等
石炭
農林水産品
その他産業原材料

05　0　100　150　200　250　300　350　400　450

（澤喜司郎 提供）

● RORO 船

船の前後にあるランプウェイと呼ばれる扉の
ような荷役設備で、船と岸壁とを橋渡しして、
自動車を自走させて貨物の積み降ろしを行い
ます。自動車専用船やフェリーなどもこれに
あたります。RORO は、ロールオン／ロー
ルオフのことで、「転がして積み降ろし」を
することを意味します。

（澤喜司郎 提供）

●油タンカー

石油製品を運ぶ船です。ガソリンや灯油、軽
油などを運ぶ船の総称です。タンクの中は、
隔壁で仕切られており、船が揺れて積んでい
る油が片側に移動しないようにバランスが保
たれます。

●自動車運搬船（内航）

規模は異なりますが、外航の自動車運搬船と
同様です。自動車産業の盛んな日本では、多
くの自動車専用船が活躍しています。

● LPG 船（内航）

外航船と同様、LPG を運ぶ専用船です。原
油や LNG なども同様ですが、大事な資源を
国内搬送する船です。

●プッシャーバージ

プッシャーは「押船」ともいいます。また、バー
ジは「はしけ」とも呼ばれ、貨物を積むため
の船ですが、それ自体には推進機関を持って
おらず、進むことができません。バージの船
尾にノッチと呼ばれるくぼみ部分があり、そ
こに、プッシャーの船首をはめ込んで連結し、
プッシャーの押す力で運航するという特殊な
船です。プッシャーとバージが協力して運搬
作業を行います。

（澤喜司郎 提供）

●タグボート

港に出入りする大型船や大型の構造物を押したり引っ張ったりして運ぶための船で、押船、引船、曳船とも言います。船を押すときに傷つけるのを防ぐため、船の周りにはクッションの役割として古タイヤなどが取り付けられています。大型船を動かすために、小さな船体ながら強力なパワーのエンジンを備えています。紹介した船のほかにも、さまざまな種類の船が運航しています。日々の生活に欠かすことのできない原料や資源、製品を運んでいるのです。

3 フェリー

「フェリー」は、人と荷物をいっしょに運ぶ、という特徴をもっています。「旅客船」としての役割と「貨物船」としての役割をもった「二刀流」の船ともいえます。先に紹介したRORO船の一種でもあり、ランプウェイ（②③④）と呼ばれる扉のような荷役設備から乗り込みます。

船の内部には、車両甲板と呼ばれるスペースに車両を止めておきます（⑤）。分類上は、「旅客船兼自動車渡船」といって、自動車や貨物を運ぶ「商船」になりますが、人がくつろぐためのスペースや宿泊施設などが備えらており、大型のフェリーには、客船に負けない豪華な部屋や施設をもったものもあります。もちろん、旅行者にむけたサービスなども充実しています（⑥〜⑪）。そのほか、離島や湾岸部などでは、通勤通学に使われるなど、日常の足としての役割を持っているフェリーもあります（⑫〜⑮）。

フェリーでは、船を動かすための航海士や機関士などの船員のほかに、旅客に対するサービスを提供する人も働いています。

①フェリー「びさん」（オーシャントランス 提供）

②フェリーのランプウェイ。
　ここから車や人が乗り込む

③接岸してランプウェイを下す
　フェリー

④ランプウェイよりトラックを
　受け入れるフェリー「びさん」

⑤フェリー船内の車両甲板

⑥エントランスロビー

⑦フォワードロビー

⑧リラクゼーションスペース

⑨ペットも泊まれる船内の
　客室

⑩バスルーム

⑪コインランドリー

⑫礼文島のフェリー

⑬気仙沼のフェリー

⑭伊勢湾フェリー

⑮宮島のフェリー

（④、⑥〜⑪オーシャントランス 提供）

特殊作業船

Special work boats
(Salvage / Heavy Lifter / Barge)

書き手：**深田サルベージ建設
株式会社**

船の仕事、というと人を運ぶ客船や
貨物・燃料を運ぶ貨物船や
タンカーを想像するかもしれませんが、
事故を起こした船を助けたり、
「橋」のような大きな構造物を運んだりする
特殊な役割を持った作業船たちがいるのです。

重量物を吊り上げる起重機船「武蔵」（写真はすべて深田サルベージ建設 提供）

海で起こる事故

　世界中の海を、多くの船が行き来しています。世界の貿易は、船による海上輸送によって成り立っているといっても過言ではありません。そして、その船が行きかう大海原は、いつも穏やかとは限りません。台風など天候が悪いときには、暴風雨や時化にさらされることもありますし、港などで、多くの船が行き交う場所など、さまざまな事故に遭遇することもあります。船と船が衝突して沈没や転覆したり、浅瀬に乗り上げたり、また火災や爆発などを起こすこともあります。これは、いつ、どこで発生するか予測もつきません。また、そのような事故に伴い、船に搭載している燃料となる油や、タンカーなどの場合は積荷の重油、ケミカルタンカーなどの場合は積荷の有害な物質が海上に流出し、その結果、沿岸に漂着し社会的に大きな影響を与えることも少なくありません。

海難事故に対応する「サルベージ（曳船兼海難救助）船」

　事故が発生したときに、遭難した船の救助作業などを行う事を「サルベージ」といいます。また、最近では船の救助作業だけでなく、海難事故に起因する環境破壊を防ぐことも重要になっています。こうした作業を行う特殊な船を「サルベージ（曳船兼海難救助）船」といいます。

　サルベージ船の特徴は、乗り上げて動けなくなった船や、エンジンが故障して漂流している船を引っ張ることができる、大きなエンジン、引っ張るためのワイヤーロープを装備しています。また、火災が発生している船の消火作業を行うために、船の一番高い場所には消防設備を装備しています。船体の後部には広い作業スペースを保有しており、沈没し

曳船「新潮丸」：DUAL DP搭載 AHTS多目的作業船 *Anchor Handling Tug Supply Vessel

消防設備
ブリッジ内DPS操作パネル
ドリルウォータータンク
ドライバルクタンク
リキッドマッドタンク
ハイドロオイルタンク
汚水タンク
スタンスラスター
バウスラスター
スタンローラー
シャークジョー
アンカーハンドリング/トーウィングウィンチ

座礁した貨物船とコンテナ船の救助（左）／サルベージ機能を持つ「新潮丸」（右）

た船から油などを回収する機械、海面に流出した油を回収する装置、深い海底に潜水士が潜水できる特殊な潜水装置などを搭載することもできます。

最近では、こうした海難事故を起こさないよう、船会社では船員の訓練を強化するなど、さまざまな努力をしていますので、おおきな海難事故は少なくなってきていますが、ひとたび事故が起こると大きな損害が出るので、救助対応の準備を万全に行っているのです。

サルベージは、「事故が発生したときに、遭難した船の救助作業などを行う事」と説明しましたが、技術の進歩、海事関係者の努力などにより、海難事故は少なくなってきています。それに、そもそも海難事故は、起きない方がいいわけですから、「サルベージ船」が活躍しない方がいいのです。ではその間、サルベージの会社はなにをしているのでしょうか。

多目的作業船

近年は、技術の進歩とともに海洋資源などの有効活用を目的とした海底地形、地質調査、海洋資源採集などの作業が積極的に行われています。

たとえば、写真の船「ポセイドン1」は、多目的作業船といって、主として海底資源調査を行う掘削調査船です。海面沖合の海上で波やうねりの影響を受け動揺している状態でも物の吊上げが可能な特殊なクレーンを備えています。また、船尾側の甲板には水深3,000mの海底から最大500mまで掘り下げることが可能なドリルを持っており、海底の土砂のサンプルを取り出すことなどが可能です。

こうした海底地形や地質の調査のために、海洋ダイナミックポジショニングシステムという、海上で同じ場所に何日もとどまること

多目的作業船「ポセイドン1」

ができるコンピューターで制御する精密船位保持装置を保有しており、ドリル作業などアンカー（いかり）で船体を固定することなく作業が可能になります。

　作業船の船首部には、調査用の ROV（REMOTELY OPERATED VEHICLE）という水深 3,000 ｍまで潜航できる無人の作業ロボットを装備しています。

　このロボットには人間でいう「腕（アーム）」が取り付けられており、海底への調査資機材などの設置もできます。また大水深に沈没した船舶を引き揚げる際の支援作業を行うことができます。

海底への調査資機材 ROV

 起重機船と重量物運搬用台船
（デッキバージ）

　サルベージはもともと事故を起こした巨大な船を引き揚げたり、引き起こしたりするこ

とが多いのですが、その技術を活かして、海や港湾等での海洋土木建築や橋の建築のための巨大重量物を吊り上げたり、運んだりする仕事も行っています。

　東京湾ゲートブリッジの巨大な橋の建設、

橋梁を吊り上げる起重機船「武蔵」

巨大な橋の一部を運ぶデッキバージ「オーシャンシール」

運搬作業を行うときには、起重機船、デッキバージという特殊な作業船を使用します。写真の起重機船「武蔵」は、最大で3,700トンもの重量物を吊り上げることができます。またデッキバージは、最大24,000トンもの重量物を運ぶことができるのです。

　周囲を海で囲まれた日本では、港の機能の向上や架橋による交通利便性の向上は、さまざまな産業の発展のために欠かすことはできません。海上という特殊な環境下での建設に大きな役割を果たしているのです。

輸送・曳航船

　先ほど紹介した起重機船などは、巨大な重量物を吊り上げたまま、海上を移動すること

ができますが、重量物を乗せて運ぶデッキバージは、自力で動くことができないため、他の船で押したり引いたりして異動させます。そのための船が、輸送・曳航船です。

　輸送・曳航船は、引っ張る巨大構造物と比べると小さな船ですが、何隻もの力を合わせることで、目的地まで移動させることができるのです。

　東京湾ゲートブリッジを見たときには「あの橋は、船で運んで組み立てた」ということを思い出してみて下さい。

　このように、船は、人や貨物などを運ぶ以外にも、特殊な作業をするための船が、世界中で活躍しているのです。

巨大構造物を運ぶ輸送・曳航船

「運ぶしごと」取材・執筆等協力者

公益財団法人日本海事広報協会
〒 104-0043 東京都中央区湊 2-12-6
湊 SY ビル 3 階
TEL：03-3552-5031

深田サルベージ建設株式会社　東京支社
〒 101-0063　東京都千代田区神田淡路町 2-6
神田淡路町二丁目ビル 6 階
TEL：03-6633-7500

オーシャントランス株式会社
〒 104-0045 東京都中央区築地 3-11- 6
築地スクエアビル 4 階
TEL：03-5148-0109

第4章
守るしごと

海上保安官 Japan Coast Guard Officer

海上自衛官（艦長）
Japan Maritime Self-Defense Force

船舶検査員 Ship Surveyor

守るしごと　#01

海上保安官
Japan Coast Guard Officer

書き手：**元海上保安庁 海上保安監**
鈴木 洋

海の安全と治安をつかさどる"海上の警察"。
四方を海で囲まれる日本にとって、
海難救助とともに、領海警備や
海洋資源の保全なども担う大切な仕事です

（写真はすべて海上保安庁 提供）

どんな仕事をしているの？

　四方を海に囲まれた日本は、船により外国との貿易や漁業を行うなど私たちにとって海との関わりはとても深いものです。海の上では、海難や密輸・密航といった海上犯罪、領土や海洋資源は誰のものという問題が国と国との権利の奪い合いの場にもなるなど多くの事が発生しています。海上保安官は、海を活動の場としているため知らない方も多くいるようですが、このような海の上で発生する事案に対し、海上保安庁の職員として巡視船艇や航空機に乗り組んで人命救助や犯罪の捜査など海の安全・安心を守ることが仕事です。海の「警察官」であり「消防士」であると言えばわかりやすいでしょうか。

　そして海上保安庁の仕事は、大きく６つに分かれています。

巡視船あきつしま

海上保安庁６つの仕事

1　治安の確保

　海上における治安の維持を図るため、巡視船艇や航空機で日本周辺海域の監視・警戒を行っています。日本でのテロやスパイ活動などさまざまな違法行為につながるおそれのある船の検査を行い、犯罪を未然に防ぐとともに、特別司法警察職員としてさまざまな海上犯罪の摘発に努め、海上の治安の維持を図っています。

2　生命を救う

　船の事故、釣りや海水浴、磯遊び、スキューバーダイビング、サーフィンなどにより毎年多くの命が失われています。このような事故

外国船舶に乗り込む海上保安官

捜索する海上保安庁の特殊救難隊

が起きないよう、船を直接訪問して安全に航行するよう指導を行ったり、海難防止キャンペーンを開催するなどして、国民のみなさんが安全への気持ちを忘れないよう活動しています。

3　青い海を守る

　海上では、油や廃棄物などによる海洋汚染が後を絶たず、その大半が故意や不注意といった人の手によることで発生しています。そのため、海の汚染状況を調査するとともに全国で海洋環境保全に関するキャンペーンを開催しています。また、法律に違反して油や廃棄物を捨てることに対して監視・取締りも行っています。

4　災害に備える

　海上災害には、船の火災・衝突・沈没などといった事故災害と、台風や大規模地震・津波、火山噴火などによる自然災害があります。事故災害に対しては、直接または関係機関と連携して救助・防災活動などを行っています。

自然災害では、救助活動はもちろん、大規模地震による津波の到達予想時間や波の高さを予測した「津波防災情報図」を提供したり、将来、地震の発生が予想されている南海トラフなどを重点に海底プレートの動きを観測したりしています。

5　海を知る

　船が安全に航行できるよう、測量船や航空機などを使って海底地形の調査を行い最新情報の掲載されている海図を提供しているほか、日本の権利がある海の範囲を決める基準となる地形を調査しています。海底火山の監視・観測も行っており、平成25年11月に39年ぶりに噴火して、島の大きさが10倍以上に拡大した「西之島」の観測も行っています。

6　交通の安全を守る

　日本の周りの海では、毎年約2,500隻の船の事故が発生しています。事故が起きないよう海の上での交通ルールを決め、主要な港では情報の提供や航行管制を行うとともに、

噴煙をあげる西之島

練習船「こじま」の出港

海上交通の安全を守って
きた航路標識

海の道しるべとなる灯台などの航路標識の整備を行っています。

　海上保安庁の仕事はこれら6つ以外にもたくさんあります。海上保安庁は、日本政府の機関ですので東京の霞が関にある本庁で海上保安に関する法律や政策の立案、予算要求に当たるとともに、資材調達、保安官の教育訓練などの後方支援業務にも従事します。さらに政府中枢の内閣官房などの他省庁での勤務や外国大使館などに外交官として勤務することもあります。政府の危機管理対応の役割を担い、関係省庁と連携して事案に対処することもあるので、本庁で勤務していると官邸の会議に呼び出されることも多くあります。

なぜ、海上保安官の仕事を選んだの？

　少年時代、偉人にまつわる伝記ものをよく読んでおり、歴史上の人物に憧れを抱いていました。中学生時代に「将来、人のために役立つ仕事がしたい」と思い、担任教師から「海上保安庁」の存在を教えていただきました。進路選択までには、海上保安庁や海上保安大学校のことを調べ「自分自身、歴史に残るような偉人にはなれないが、人を助けることができれば、その人の人生という歴史のなかに自分というものが残る。これも歴史に残る人物になれることだ」と考えるようになり、海

業務にあたる運用管制官

負傷者搬送の様子

外国船舶への立入検査

中国公船及び中国漁船を警戒監視する巡視船

上保安大学校の門を叩くことにしました。

仕事のやりがいを感じるのは どのようなときですか？

巡視船に勤務していたときのことです。日本の漁船が嵐に遭遇して乗組員が大けがを負ったという連絡がありました。現場で遭難漁船を発見しますが、5〜6メートルの波が立ち漁船の姿が波間に見え隠れする荒れた状況でした。救助する側も危険な状況でしたが、私が指揮官となりボートで怪我人を収容、無事に医師のもとに送り届けることができました。また、警備救難課長時代には、取締りの困難な北方領土周辺での密漁を、長い内偵捜査を経て一斉摘発できたことも印象深い事件でした。そのほかにも海外の政府関係者や

海上保安機関のトップと交流する機会にも恵まれました。少年時代の夢を叶え、さまざまな立場で苦労を重ね結果を残したときに、やりがいを感じました。

初めての乗船体験記

大学校卒業後、巡視船「ちふり」の乗船勤務を命じられました。おもな業務は、施行されたばかりの200海里（約370キロ。1海里は約1,852m）の漁業水域の取締りであり、立ち入り検査により外国漁船の操業状況を確認することでした。外国人に対し質問をしたり書類の提出を命じることは、日本の代表として漁業に関する権利を行使することであり、国際条約と国内法に裏付けられたもの

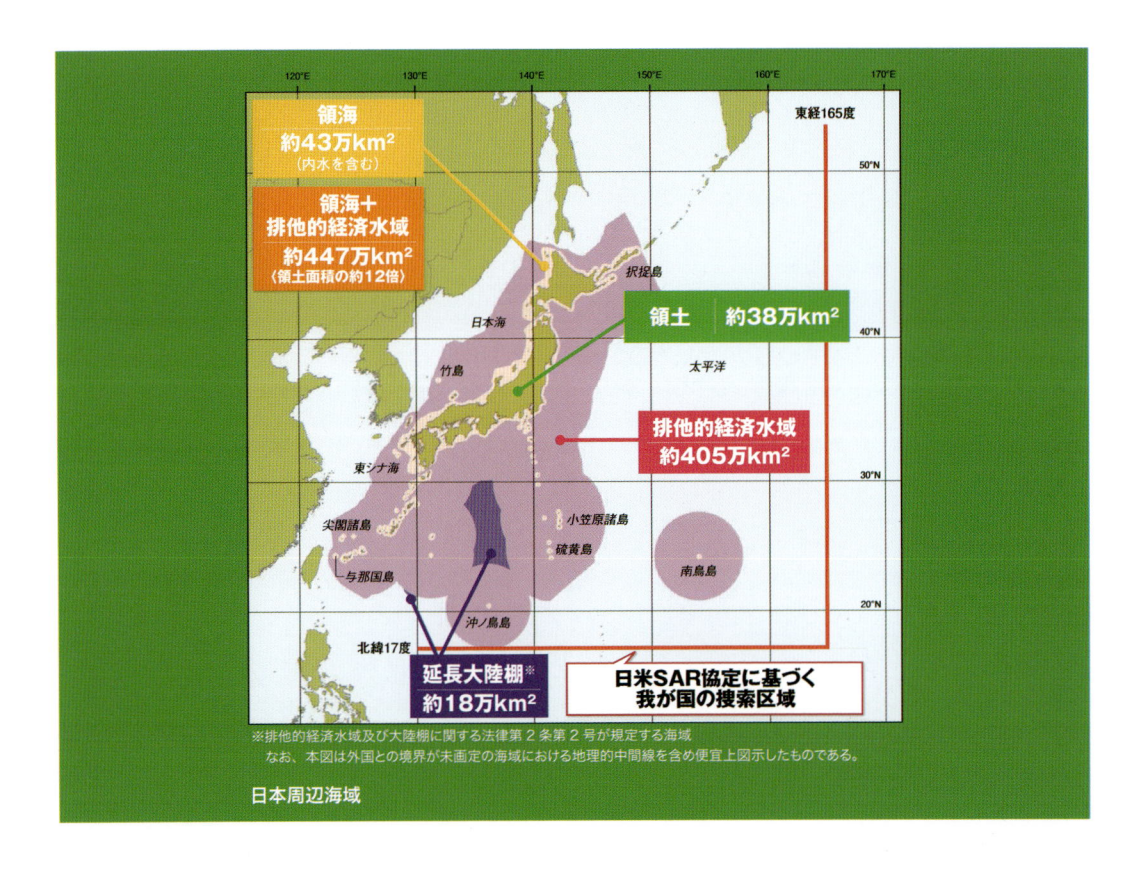

領海
約43万km²
（内水を含む）

領海＋
排他的経済水域
約447万km²
〈領土面積の約12倍〉

領土　約38万km²

排他的経済水域
約405万km²

延長大陸棚※
約18万km²

日米SAR協定に基づく
我が国の捜索区域

東経165度

択捉島

日本海

竹島

太平洋

東シナ海

尖閣諸島

与那国島

小笠原諸島
硫黄島

南鳥島

沖ノ鳥島

北緯17度

※排他的経済水域及び大陸棚に関する法律第2条第2号が規定する海域
なお、本図は外国との境界が未画定の海域における地理的中間線を含め便宜上図示したものである。

日本周辺海域

です。外交官でなくても外国船舶上で国の代表として外国人とやり取りするという重要な権限を海上保安官は与えられているということを改めて認識した現場第一線でした。

なぜ、海上保安官は必要なのですか？

　日本の国土面積は38万平方キロで世界では61番目の大きさですが、沿岸から200海里まで認められる排他的経済水域（日本が資源に関する権利を有する海域でEEZともいいます）の面積は、約447万平方キロで世界第6位です。これらの海をしっかり管理、開発することが日本の繁栄につながります。世界の国では、他の国との境を明示するために国境線を決めていますが、日本は他の国と陸地で接していないため国境線は存在しません。そのかわり、国際条約や法律で定められた12海里の領海線が日本の主権が及ぶ範囲で、これがいわゆる国境線となります。外国からの密航や密輸、外国漁船による領海侵犯操業の取締りなど国境警備は日本の主権を守るために必要な仕事です。尖閣諸島周辺などの海域で隣接国との間で起きていることを皆さんもご存知かと思いますが、日本の領土・領海を守るため外国船の行動に適切に対処するのも大切な仕事になります。日本の海とそこで仕事をする人たちを守るためにも海上保安官はなくてはならない存在です。

守るしごと #02

海上自衛官（艦長）
Japan Maritime Self-Defense Force

海上自衛隊は、国や国民を
外からの脅威から守り、
安全を保ち、生活のための海上交通の
安全などを守る重要な役割をもっています

書き手： 元海上自衛隊護衛艦艦長
山村洋行

航行する護衛艦隊（海上自衛隊 提供）

どんな仕事をしているの？

艦長時代の筆者

日本にとって外国からの「脅威」は、すべて空や海を経由してきます。そこで、海からの侵攻に備えることは、日本を守ること、すなわち「防衛」につながります。なかでも海上自衛隊は、海からの侵攻に対処する、第一線の「部隊」ということになります。

また、日本の資源や食糧などの大半は、海（海上交通路といいます）からの輸入に頼っていますので、この海上交通路の安全を確保することは、日本にとってとても大事なことになります。こうしたことも海上自衛隊の重要な任務となります。

海上自衛隊は、護衛艦、輸送艦、掃海母艦、補給艦、訓練支援艦、掃海艇、潜水艦などの艦艇約140隻と航空機約220機を保有しています。これは、「海」をひいては、「日本」を守るための勢力です。「日本を守る」という任務を遂行するため、毎日、きびしい訓練を行っています。

これら、海上自衛隊の艦艇部隊の活動の場は、もちろん海の上です。母港を離れるときには、数か月にわたり海上を行動することもあります。この間、艦艇部隊は、食料や燃料などの補給を海上で受けながら、長期にわたって海上で任務を遂行します。艦艇部隊は、海上自衛隊のなかでも第一線中の第一線といえるでしょう。海からの侵攻に備えること、また、海上交通路の安全確保すること、この2点をしっかりと行うためには、特にこの艦艇部隊の存在は必要不可欠なのです。

米軍と合同訓練を行う護衛艦（海上自衛隊 提供）

71

米軍空母と共同演習する護衛艦（海上自衛隊 提供）

　艦艇は一軒の家、ひとつの会社のようなものですから、それを取り仕切る人が必要となり、艦艇では「艦長」がその役割を果たすことになります。家族でいえば、お父さん、会社でいえば社長さんにあたるのが「艦長」なのです。この艦長になるまでは、海上自衛隊に入ってから、いろいろな経験や訓練を積む必要があります。一般的には、大学を卒業する年齢から海上自衛隊勤務が始まり、下積み、中堅と経験を重ね、早い人で30歳代後半、平均すると40歳位で初めての「艦長」になることができますので、艦艇に勤務する若い人たちは「艦長」を目指しています。

海に自衛隊はなぜ必要なの？

　海上自衛隊は、日本の海を守る訓練も仕事の一つとなります。実際になにか起これば、海上で攻撃を受けることもあります。そのときには、それに対処しなくてはなりません。対処するための手段としては、ミサイル、砲を用いることになるため、海上で訓練用の弾、「訓練弾」を使い訓練を行っています。海上や空からの攻撃だけではなく、海の中から、すなわち潜水艦からの場合もありますので、潜水艦に対抗するためには「魚雷」も使用します。通常の訓練は、こうして訓練弾等を使用するのですが、実戦に近い「戦術訓練」も行います。もし、攻撃を受けたときに、日本だけでは対抗できないことも考えられます。そのときのために、同盟国・友好国などとの共同・親善訓練を行います。これらは、すべて「戦争」のための訓練ではなく、日本を守るための訓練であり、地震や火事に対する「避難訓練」と同じように、訓練こそ本番のように、本番は訓練のようにするためなのです。このように艦艇は日本を守るため、こうした

砲撃訓練の様子（海上自衛隊 提供）

海上で起こっていることを絶えず見ていくことが必要です。こうした日々の仕事が、日本の安全の確保に役立っており、とても重要な仕事です。

　そのほかにも、世界中の国々との間で、国際的な安全を守り、よくしていくための国際貢献活動や、共同訓練、親善訓練等を実施して、他国との相互理解に貢献しています。

艦長の仕事とは

　さて、それぞれの艦艇のトップである、艦長の仕事はどんなものでしょうか。

　艦艇は通常複数隻が集合体・部隊となって作戦行動・任務行動に従事します。何隻かの「部隊」のなかで、それぞれの艦艇の役割はとても重要です。野球やサッカーのチームには、それぞれ役割があるのと同じように、その行動が部隊全体の作戦行動の成功や失敗を左右することがあります。艦長の任務は、野球やサッカーの監督と同じようにあらゆる任

訓練を通じて、常に技量の維持・向上に努めています。

　訓練のほかに重要な仕事は警戒監視です。日本の周辺海域で、他の国の艦艇などの動きを監視することで、日本を守る「防衛」に関する情報を集めます。普段、何も起こらないときから、日本の周りの海を「警戒監視」して、

練習艦「しまゆき」（艦長当時は護衛艦として活躍した）（海上自衛隊 提供）

護衛艦「はたかぜ」の訓練の様子（上）／熊本地震の被災地
へ救援物資を届けた海上自衛隊輸送艦「おおすみ」（左）
（海上自衛隊 提供）

務に、いつでも、すぐに対応できる「強い艦」を作り上げることなのです。すべての乗組員の先頭に立って、任務を完遂すること、この1点に向けて行動するのです。1艦の責任はすべて艦長にあります。ほかにも、大きな災害があった際などは国内外で救助や支援の活動も行います。これもとても重要な仕事になります。

なぜ海上自衛官の仕事を選んだの？

昔の海軍の制服にあこがれたことが当初の大きな理由ですが、海上自衛隊に入って、いろいろな経験を積み、勤務が経過していくにつれ、「海上防衛」の重要性に気付きました。

仕事を選ぶ際は、いろいろなきっかけ、動機があると思いますが、組織で勤務していくにつれ、その仕事に誇りや、やりがいを感じていくのではないでしょうか。

仕事のやりがいを感じるのはどのようなときですか？

私は6つの艦艇で艦長を経験しました。それぞれの艦で思い出に残る出来事がありますが、その代表的なものとして、昭和63年の遠洋練習航海に護衛艦「しまゆき」の艦長として参加したとき、南太平洋で人命救助を行なったことがあります。タヒチを出港後、ハワイに向かって航行中、アメリカ沿岸警備隊から人命救助の依頼がありました。救

防衛大学校での訓練の様子（海上自衛隊 提供）

覚えています。この時は特段、将来艦艇に乗りたいという感覚はありませんでしたが、乗艦した際、船に酔ったことはなかったので、艦艇の勤務が嫌だということもありませんでした。

　防衛大学校2年生から4年生は海上要員であったので、主として夏に乗艦実習があり、先輩が溌剌（はつらつ）と仕事をこなしていて、「自分にできるのだろうか？」との不安はありました。

　また、実習とはいえ、艦艇勤務は厳しく、特につらかったのが、慢性的な睡眠不足でした。しかし、経験を積むうちに「やはり海上自衛隊で勤務するなら艦艇勤務」と思うようになり、艦艇勤務熱望に変わっていきました。「艦長になりたい！」と思うようになったのは実習からの何年か過ぎた1等海尉の頃からだったと思います。

　日本では、国を守るための「自衛の力」として「自衛隊」を保有しています。

　「国を守る」ということは、ひいては自分の家族や友人たちを守ることにもつながりますから、自衛官は極めて重要で大事な職務に携わっているのです。私自身もそういう意識を常にもって、仕事に臨んでいました。

助対象者は、太平洋の環礁でヤシの木から落下し骨折した、スイス人の少女とのことでした。艦隊から護衛艦「しまゆき」に対し、「環礁に急行し人命救助に当たれ」との命令が下されたのです。はるか100km先の環礁に向けて、24ノット（時速45km）高速で航行しました。到着した環礁の沖合にて、搭載していたヘリコプターを発進させ、環礁にて少女を救出、艦内に収容することができました。環礁ではヘリコプターに鳥が群がって、やや危険を感じる困難な作業でしたが、無事に救助することができました。最終的には少女はハワイの病院に収容され、当艦隊がハワイに寄港した際、少女を見舞うことができました。艦長として部下が任務を完遂した時が一番の仕事のやりがいを感じる時です。

はじめての仕事

　海自艦艇への初乗艦は、防衛大学校1年生の時の日帰りの航海体験でした。鉄板の上での勤務では、足の裏が無性に痛かったことを

船舶検査員
Ship Surveyor

書き手：**日本海事協会 人材開発センター**
高橋 諭

船が安全に運航されるために、
いろいろな検査を行うことが
法律で義務付けられています。
船の設計図や設備、使われている材料や
機器の検査や安全管理のための検査など、
船の建造中から就航後まで、
定期的に行われるのです。
これらの検査を行うのが船舶検査員です。

建造中の船舶を検査する検査員（写真はすべて日本海事協会 提供）

どんな仕事をしているの？

　大海原を走る船は、安全な航海が求められます。そのためにも造られた船が一定の基準を満たしているかを検査する必要があります。検査団体である船級協会が船体・機関・艤装品 (機器・部品) の検査を行い、その検査を行う人を船舶検査員と言います。船は造船所で造られて、海運会社が運航しますが、船がしっかりと造られていることは、造船所にとっても海運会社にとっても重要なことですので、検査を受けながら船は造られています。造船所でも、海運会社でも検査を行いますが、造船所が合格と思っても海運会社はそうは思

わないこともあります。そこで、船を造る造船所でも、船を運航する海運会社でもない、中立の立場の船級協会が船の検査を行うという仕組みが、250 年以上も前に英国でできたのです。日本でも 110 年以上も続いています。船級協会は、人命と船の安全、海洋環境保護の観点から船に関する規則をつくって、その規則に従って公平に検査を行っています。

　造船所では、船を造るときはまず、実際に船を使う海運会社の要望を取り入れながら、どんな船を造るのか設計します。この設計図が規則を満たしているか、審査するときから船の検査は始まります。

　設計図の審査の次は、実際に造船所で船が設計図どおりに造られているかどうかを検査

建造中のコンテナ船の検査

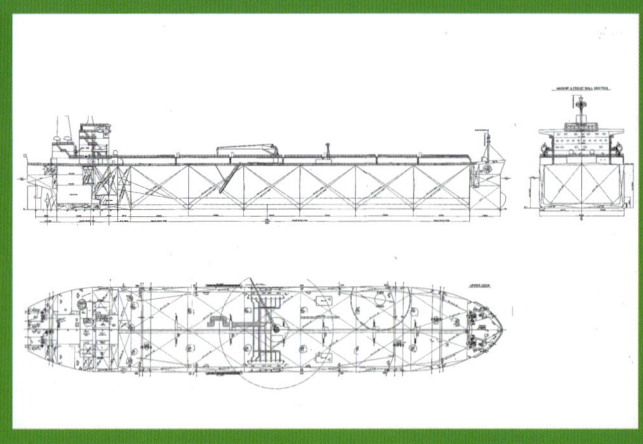

タンカーの一般配置図の例（左）と新造船の船底部溶接完了検査（右）

します。船は鋼材（鉄の一種）の板を設計図どおりに切断し、組立てて造っていきますが、この時、部品（鋼材）と部品（鋼材）は溶かしてつなぎ合わせます。これを「溶接」とい

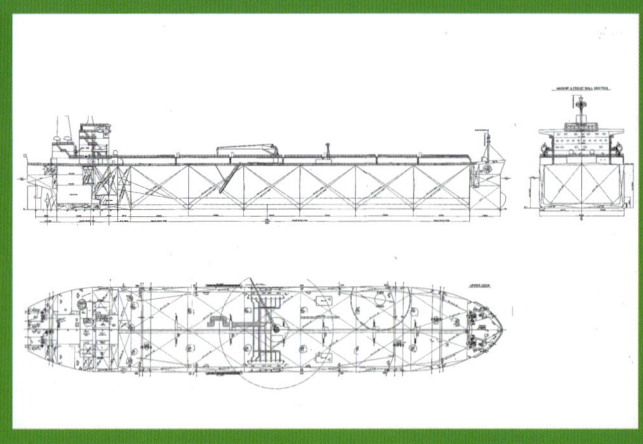

検査に合格した船に発行される船級証書の例

い船を造るときにとても重要な工程です。うまくつなぎ合わせられていないと、船を使っているときにつなぎ目から壊れてしまうかもしれませんので、その溶接がしっかりと行われているかどうかを検査します。

　船を造るときにはいろいろな工程があります。その工程ごとに検査を行いながら船が造られていきますが、最後に船を実際に走らせてみて、問題ないかを検査します。これを海上試運転といいます。

　検査は、造船所だけで行われるわけではありません。船の材料となる鋼材を製造する製鉄所、船が走るために搭載されているエンジン、船を構成するいろいろな機器（艤装品）についても、それぞれの製造工場で規則どおりに製造されているかの検査を行います。このようなさまざまな検査に、船舶検査員が立会います。検査に合格した場合、材料、機器に対して検査合格の証として刻印という印を付けて、検査規則に合格しているという証明書を発行します。それらが造船所に運ばれて、物品に印されている刻印と証明書の内容を確認して船の材料や部品として使われます。

　無事に船が完成すると、船級協会の規則に基づき検査に合格した船に対して「船級証書」が発行され、造船所から海運会社に引き渡されます。

　海運会社に引き渡された後も船の検査は行われます。船は海上を航行して荷物を運搬するのに使われ、だんだん傷んできますので、海運会社は船を安全に長く使うために船を整備しながら使います。船が使われている間、船が規則どおりに整備されているか、毎年1回、年次検査と呼ばれる確認検査を行います。年次検査は通常、船の運航状況や検査準備状況を考慮して海運会社の都合の良い港で行い、その港を担当する検査事務所から船舶検査員が派遣されます。3年に1度は、修理造船所のドック（船の病院）に入れて、普段は水面下に隠れている船底部分、プロペラや舵などの検査を行い(船底検査)、さらに、5年ごとに修理造船所のドックに入れて、大がかりな検査を行います(定期検査)。定期検査では、船底検査に加えて、船の外部と内部を詳細に検査して、鋼板の厚さを測って、錆びて薄くなっている部分があれば切替えて、これからの航海に備えます。

定期検査で造船所に入渠するLNG船

船の検査は、日本の港だけではなく、世界中の港で行われています。修理造船所も、日本、中国、シンガポール、ドバイをはじめ世界各地にあります。検査で使う規則を作ったり改正したりすることも船級協会の大切な仕事です。壊れた船があれば、どうして壊れたのかをよく調べて、どうすれば壊れないようにできるのかをよく考え、検査で使う規則を改正します。また、技術の進歩を取り入れて新しい規則も作ります。規則案は、造船所、海運会社、学識経験者など分野ごとの専門家で構成される委員会で審議され、合意されたものが規則として制定されます。

なぜ、船の検査は必要なの？

なぜ、船の検査は必要なのでしょうか？自動車を例に説明してみます。皆さん、自動車が故障したら大変ですよね。高速道路を時速100キロで走っているときにブレーキが利かなくなったら？　ハンドルが利かなくなったら？　大変です。そうならないように、自動車はしっかりと整備されていることが大事です。

また、自動車がしっかりと整備されていることを確認するために「車検」を受けて、整備・検査されている自動車であることを証明するために「車検合格証」を自動車に積んでおき

検査員と造船所技師による救命艇備品の確認作業

ます。船も自動車と同じで整備・検査されて
いる船であることを証明するために自動車で
の「車検合格証」に相当する「船級証書」を
船に積んでおきます。ただ、船と自動車では
大きく違うことがいくつかありますが、ここ
では２つについて説明します。１つ目は、自
動車は陸を走るのに対して船は海に浮いて
います。海の上で折れたり、転覆したり、沈
んだりしたら大変ということです。２つ目は、
自動車は国内で荷物を運びますが、船は海を
渡って外国に荷物を運ぶということです。

　船はバランス良く海に浮かぶよう設計され
ています。船の検査は、転覆・沈没しないよ
うに、また、万が一転覆・沈没しても乗って
いる人が救命ボートなどで逃げられるように、
適切に設計され、装備され整備されているか
どうかも検査します。

　外国との貿易に使われる船は荷物を外国に
運び、また、外国から荷物を運んできます。
日本の船は、外国でしっかりと整備されてい
る船と認めてもらえるのでしょうか？　また、
外国の船が日本にやってきたときに、しっか
りと整備されている船と考えてもいいので
しょうか？

　国によって考え方は違いますので、世界的
に共通の基準が必要となります。そのため、
世界の国々の政府は、人命と船の安全、海洋
環境保護の観点から、全世界で平等に守られ
るための国際条約を定めています。船が国際
条約に適合しているかどうかを検査するのは、
本来はその船を登録している国の政府(船籍
国政府)の役割ですが、多くの船籍国政府か
ら船級協会の船舶検査員が行う検査は、船籍
国政府の船舶検査官が行う検査と同等と認め
られています。国際条約に従った検査も、船
級協会の船舶検査員の重要な仕事です。世界
の港を航行する船は、この国際条約に適合し
た「国際条約証書」を持っています。日本の

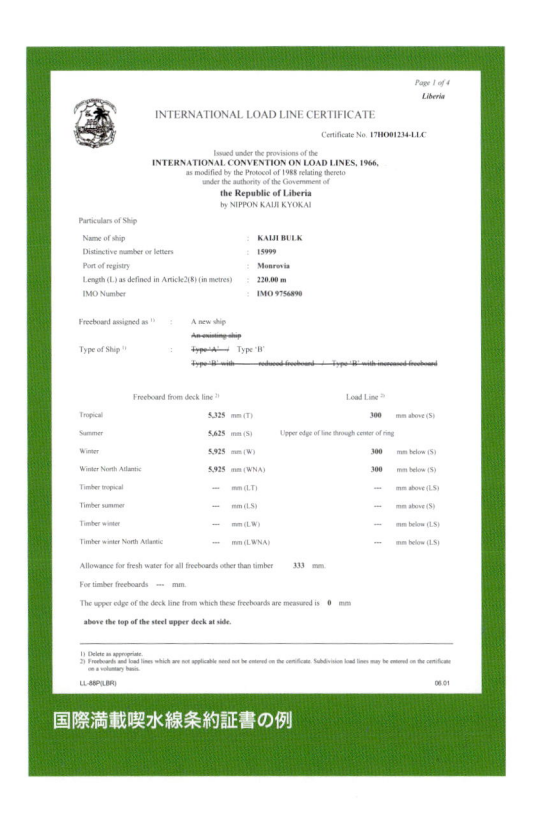

国際満載喫水線条約証書の例

港でも、外国の港でも、「国際条約証書」を
確認して入港を認めたり、荷物の積込みを許
可したりします。船の検査が必要なことがわ
かってもらえたでしょうか？

なぜ、船舶検査員の仕事を選んだの？

　海が好きだったことが一番の理由です。な
ぜ、海が好きなのか考えてみると、外国につ
ながっていたり、いろいろな生物が棲んでい
て、それでもまだ知らないことがいっぱい
あって、ワクワクするからです。そんな海を
自由に走り回る船はすごいと思い、また、人
間が造った自ら動くことができる構造物のな
かで一番大きなものが船であり、このような
スケールの大きな船に関わる仕事に就きたい
という想いがありました。船舶検査員の仕事

検査員と造船所技師によるメインエンジン・補機等の据付状況の確認

はスポーツにたとえると審判のような仕事といえますが、多くの知識や経験が必要でとても奥深い仕事です。船舶検査員の仕事は、人命と船の安全、船で運ばれる荷物の安全、海洋環境保護に関わる仕事で、とてもやりがいのある大事な仕事だと思い選びました。

 仕事のやりがいを感じるのはどのようなときですか？

どんな仕事にも言えることだと思いますが、人に喜んでもらえたときに仕事のやりがいを感じます。船を検査しているときに船体に使われている鋼板が薄くなっているのを発見し、早めに修理ができて、船主さんから「大

事に至らなくて良かった」と感謝されたときなどにやりがいを感じます。

日本は、石油、石炭、天然ガスなどの多くのエネルギー資源や鉄鉱石などの工業材料を輸入して、工業製品を輸出することによって経済が成り立っています。また穀物などの多くの食料を輸入して生活が成り立っています。普段何気なく使っている電気やガスも、自分が検査したタンカー、ばら積み貨物船や天然ガス運搬船が、プロフェッショナルな仕事の結晶として、無事に航海を終えて、石油、石炭、天然ガスが確実に日本に届けられているからこそ、電気やガスをあたりまえのように使うことができると考えるようになりました。そのように考えると、船舶検査員の仕事は、今

建造状況の確認

の暮らしを支えるために役に立っている仕事であるというやりがいと、同時に、とても重要な仕事であるという責任感を持って仕事に臨んでいます。

初めての検査体験記

学校を卒業してすぐに日本海事協会という船級協会に勤めました。最初は造船所やメーカーから提出された設計図面をみながら、その設計が規則に適合しているかどうかを審査する仕事で、周りの諸先輩方から、船のこと、規則のこと、設計図面の見方などをいろいろ教えてもらいながら仕事を覚えていきました。

そうやって船のことをある程度覚えてから、造船所に行き実際に船の検査をしました。初めて行った検査は、船を造るときに行う簡単な検査で、造船所の担当の方が規則どおりに船を造っていることを事前に確認してありましたので問題なく終わりました。仕事を始めたころは、船舶検査員として期待される力量と自分の力量の差を実感して、知識と経験を身に付け、早く一人前の船舶検査員になりたいと思っていました。あれからすでに数十年経ちましたが、当時のことを時どき思い出します。

「守るしごと」取材・執筆等協力者

海上保安庁
〒100-8976　東京都千代田区霞が関2-1-3
TEL：03-3591-6361

海上保安庁海洋情報部
〒100-8932　東京都千代田区霞が関3-1-1
TEL：03-3595-3601

公益財団法人海上保安協会
〒104-0043　東京都中央区湊3-3-2　前田セントラルビル5階
TEL：03-3297-7580

日本海事協会
〒102-8567　東京都千代田区紀尾井町4-7
TEL：03-3230-1201

防衛省　海上自衛隊
〒162-8803　東京都新宿区市谷本村町5-1
TEL：03-5366-3111

海上自衛隊　呉地方総監部
〒737-8554　広島県呉市幸町8-1
TEL：0823-22-5511

NPO法人　平和と安全ネットワーク
〒104-0061　東京都中央区銀座1-15-6　KN銀座ビル
TEL：03-6675-3898

第5章
調べる・採るしごと

CHAPTER 5 work to be examined & take

海洋調査　Ocean Survey

海底地形調査
Submarine topography Survey

海洋掘削・資源採取　Ocean Drilling

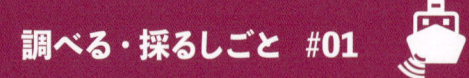

調べる・採るしごと　#01

海洋調査
Ocean Survey

海洋地球研究船「みらい」
書き手：初代船長
赤嶺正治

私たちの生命を守る地球環境をつくり、
それを維持する重要な役割を担っている海洋。
その役割を明らかにするために、
観測船やさまざまな機材を用いて調査を行います。
その最先端をいく、
海洋地球研究船「みらい」の仕事を紹介します。

調査・観測を行う「みらい」（海洋研究開発機構 提供）

どんな仕事をしているの？

　海洋を説明するとき、よく出てくる言葉に「地球は青みがかっていた」（直訳）があります。これは1961年宇宙から最初に地球を眺めたソ連の宇宙飛行士ガガーリンの有名な言葉で、地球が水の惑星であり、地球表面の約7割を海洋が占めていることを表しています。

　このことは、海洋が私たちの生命を守る地球環境をつくり、それを維持する重要な役割を担っているとも言えます。海洋調査は、その役割を明らかにし、私たちの夢と未来を築くために行われると言えるでしょう。海洋調査は、広義にはこの章全項目の仕事と解釈できますが、ここでは、私が初代船長として12年間乗船した海洋調査のエキスパート、海洋地球研究船「みらい」の仕事について、経験を通した現場の声として述べることとします。

「みらい」はどんな船なの？

　「みらい」の前身は、1969年に進水した原子力船「むつ」です。原子力での実験航海を終えた「むつ」は、後利用が検討されていました。1993年12月の海洋開発審議会答申において、地球温暖化で代表される地球環境変動の解明・予測の必要性が提言され、ここで「むつ」を使うことが決まりました。1997年、原子炉が撤去され、海洋地球研究船「みらい」に生まれ変わりました。「むつ」（総トン数約8,600トン）の大きさがそのまま引継がれましたので、世界で活動する海洋調査船の平均的な総トン数2,000〜4,000トンと比較すると「みらい」は世界最大級の

海氷のない北極海バロー沖を航行する「みらい」
（Capt.Duke 提供）

海洋調査船誕生と言えます。この船は氷を割りながら進むことのできる砕氷能力こそ持っていませんが、極域（北極や南極周辺の地域）の氷海航行ができるよう耐氷構造を有しています。そして、これまで低い甲板が一般的であった海洋調査船の常識を覆して大きな波が甲板に上がらないように乾舷（水面から甲板までの高さ）を高くしています。

　こうした特徴を持つ「みらい」は、これまでデータの収集が困難であった極域や荒天域での調査や世界の海を活動の場として広域かつ長期間の調査ができるようになりました。このほかに「みらい」独自の開発機器・装置として、約1万トンの船体を10センチメートル単位で制御できる世界にひとつしかないジョイスティックコントロールシステム(JCS)、高層ビルの揺れ防止装置を応用した世界初の揺れ制御装置、そして、日本で最初に搭載したドップラレーダー（200km先の雲を立体的に観測できる）などが装備されています。さらに、海洋調査船としての操縦機能を高めるため複数軸プロペラや可変ピッチプロペラ、複数舵、補助操縦装置としてのスラスタアなどの駆動装置が採用されています。

採水作業の様子。写真右下は「クレーンベルマウス」
（赤嶺正治 提供）

と塩化ビニール製の筒状の採水ボトル（12リットル）36本を円形状に取り付けた採水システム（全空中重量約1トン）を10,000メートル長のワイヤーケーブルの先に接続して深海に投入します。採水ボトルには上下にそれぞれ蓋があり、研究員の希望する水深になると、船の上から電気信号を送って上下蓋を閉めて採水をします。この採水システムを海底付近まで下した後、それを船の上に回収します。水深5,000メートルでの採水には、約4時間を要し、24時間調査では、チームによる2～3直交代制がとられます。この採水作業の時、本船は定点に留まり海中に投じたワイヤーケーブルを常にクレーンベルマウスの真下にくるよう操船が行われます。その精度は、船長130メートルの「みらい」を10センチメートル単位で操ることであり、高い技術力と長時間操船に対する強い体力・気力が求められます。

「みらい」はどんな仕事をするの？

「みらい」には、船長と乗組員、首席研究員をはじめとした研究員、そして観測技術員が乗り組んでおり、この3者がひとつになって毎航海与えられる研究ミッションを遂行していきます。

ここでは甲板作業と操船に着目し、「みらい」での仕事のうち、主要な作業である採水、採泥、そして、係留系展開について見ていきましょう。

1 採水作業

地球温暖化の原因である二酸化炭素などの大気と海洋間の交換量や海洋の物質循環・熱循環を解明するために採水作業は行われ、海洋調査船の仕事のなかで最も大きな比率を占めています。この作業は、CTDセンサー[1]

採泥作業の様子。ピストンコアラーをつり上げる
（赤嶺正治 提供）

※1　CTDとは、Conductivity Temperature & Depth の略で、電気伝導度（塩分）、水温、深度を表しています。
※2　太平洋の赤道付近の海水は日射により暖められ、東寄りの貿易風により西側に送られています。この太平洋西側に運ばれた暖かい海水の塊が何らかの原因で東に移動し、赤道上に広い範囲の温度の高い海域が発生する現象をエルニーニョと言います。

2 採泥作業

採泥作業は、地震などの地球活動の歴史や海洋プレートの運動など「海洋底ダイナミクス」を解明するための重要な作業です。この作業はピストンコアラーという直径12センチメートル、長さ20メートルのステンレス製パイプを12,000メートル長のワイヤーケーブルの先に取り付け、深海の海底に突き刺して堆積物を採取します。堆積物の採取する場所は、事前に海底探査を行い、研究員によって決められます。それは海山の頂上であったりもします。強い風や強い流れのなかで、「みらい」を定点に保持させ、正にピンポイントへピストンコアラーを貫入させます。これまでの実績によれば、水深5,000メートルの採泥の場合、5キロメートル先の直径80メートルの的に矢を当てるような正確さであり、「みらい」の優れた技術力がおわかりになるでしょう。

3 係留系展開作業

大型船の広い甲板の利を生かし、大雨、冷夏などの異常気象の原因とされるエルニーニョ現象[※2]の解明・予測のために、大型の海洋調査ブイを太平洋、インド洋の赤道付近に展開（設置・回収）しています。ブイ設置作業は、まず船尾からブイ（浮体）を投入し、そのブイに接続したケーブル（ブイ設置場所の水深に見合う長さ）の所定箇所に計測器を取り付けながらゆっくり流していきます。計測器は精密なものですから波などの衝撃で破損する恐れがあり、時速0.2～3kmと小学生が歩くより遅い速力で風や流れなどの外力影響を加味しながら船を進めます。流しているケーブルのエンドが来ると海底に沈める重り（シンカー）を接続します。そして、その重りの投入地点に達した段階で、ケーブルと一緒に船から切り離し、それが海底のターゲットポイントに到達するのを確認して作業

展開時船尾クレーンでブイの吊り上げ（赤嶺正治 提供）

は終了です。この投入準備から重りの海底位置確認まで約8時間（水深約5,000mの場合）を要します。回収は設置の逆で、まずブイを船の上に回収し、それに連なったケーブルと計測器を順次引き上げていきます。海底の重りは、ケーブルのエンドとの接続部を切り離しますので、回収しません。

この係留系展開は、風などの影響を受けやすい低速で一定の針路・速力を保持するという難しい操船に加え、精密測器や重量物を取り扱う甲板作業であり、最も高い技術力と総員参加による作業となり、強いチーム力が求められます。

設置された係留系は、ケーブルに取り付けられた計測器から得られるデータを海面上のブイから衛星を経由し、「みらい」の母港、関根浜のむつ研究所へ送り、品質管理された後、翌日には世界へ発信しています。

なぜ、「みらい」の仕事を選んだの？

私は大分県の三重町という海に面していない田舎町で生まれ育ちました。小学校高学年のとき、外航船の元船長が私たちの小学校を訪れ、海洋国である日本は海なしで生きていけないこと、働く場所が世界の海であること、長さが 100 メートルを超える 1 万トン以上の大型船を操る面白さや多数の人命と巨額な財貨を預かる船長職のやりがいなど、海や船、そして船員の仕事の魅力を熱く語ってくださいました。私にはすべてが初めて聞く新鮮なお話であり、深い感動を覚え、そのときの気持ちが以降変わることなく船員の道に進むことになりました。40 年余りの船員生活を振り返り、元船長から伺ったことを実践・実感し、船員の道に進んで良かったとしみじみ感じています。船員生活のうち、後半の 14 年は、「みらい」に乗船し、地球温暖化で代表される地球環境変動の解明・予測の研究航海に従事しました。「みらい」に乗船することになったのは、幸運にも私の経歴が荒天域や極域の航行経験者を求めるという「みらい」の要望にマッチしたことでした。

当時、外航船社で海上と陸上の勤務を交互に行い、陸上勤務では水路係（航路・港湾、気象・海象などを調査し、運航船舶の安全・効率運航に反映させる業務など）を長く務めました。海上勤務では商船、クルーズ船、探検船などの荒天域や極域の航行支援そして現地調査を経験し、海事研究機関や大学などで環境問題や操船などに関する調査研究を行っていました。

「みらい」への乗船を決めるにあたって、元船長から伺った面白さややりがいを海洋調査に見出していたことは言うまでもありません。

仕事のやりがいを感じるのはどのようなときですか？

「みらい」が海洋調査船として優れた機能を持っているとはいえ、その機能をフルに発揮するには、船を動かす高い技術力を欠かすことはできません。海洋調査の経験を通じて高めたこの技術力を船の機能向上に反映させることにより、精度の高い調査結果が得られ、それが地球の環境保全のためになります。日々変化する海洋の調査技術力を高め、技術開発への挑戦を行うことにやりがいを感じ、それを完遂したとき大きな達成感が得られます。

「みらい」は動く海洋地球科学館としての役割を持っており、国内外で一般公開が行われます。外国のある港での一般公開では、多くの日系の方々から「日本にこのような世界人類のために活動している素晴らしい船があることを知り、日本の誇りである」と励ましのお言葉をいただいたことや寄港する国々の大統領や大臣などが訪船され、国際貢献する「みらい」に感謝の意が表されたことなど、この船の活動が高く評価される場面に立ち会

減少を続ける北極海の海氷
（赤嶺正治 提供）

南米南端ビーグ海峡 氷河が滝のように融ける（赤嶺正治 提供）

うことができたとき、やりがいのある仕事に就いていて本当に良かったと感じます。

海洋調査はなぜ必要なの？

地球温暖化は、洪水や干ばつ、巨大台風・竜巻の発生などの異常気象、水位の上昇による陸地減少、熱射病や伝染病患者の増加、環境変化に対応できない生物の死滅など、深刻な事態を招きます。

実際、私は地球温暖化の影響と考えられる北極海の海氷減少や南米フィヨルドの氷河融解を目の当たりにし、その深刻さを実感し、海洋調査の重要性を改めて認識しました。

深刻化する地球温暖化問題を解決するには、海洋のモニタリングや数値で表せる定量的な知見が求められ、そのためには海洋調査は必要不可欠です。今後ますます海洋調査への期待が増してくることは間違いなさそうです。2015年の第20回「海の日」特別行事

の式典における安倍内閣総理大臣のスピーチでは「日本の海洋開発技術者の数を2030年までに5倍の1万人程度に引き上げることを目指す」と具体的な数字目標が示され、「次世代の若手には果敢に海洋開発にチャレンジしてもらいたい」という期待が表明されています。これは、国の政策として海洋調査の人材育成へ積極的に取り組むことを意味しています。海洋調査に従事することは、自然を相手にすることであり厳しい面もありますが、"地球を救う"という大きな目標を持つことができます。

海洋調査に生かす技術力が高いほど、良い結果が得られ、またその結果は社会に大きく貢献することになります。

海の中で何が起きているのかを調査することは、私たちが住みやすい地球にするために必要な仕事なのです。

【参考文献】
・東京大学海洋研究所、1997『海洋のしくみ』日本実業出版社
・海洋研究開発機構（JAMSTEC）発行「みらい」関連パンフレット、広報誌など

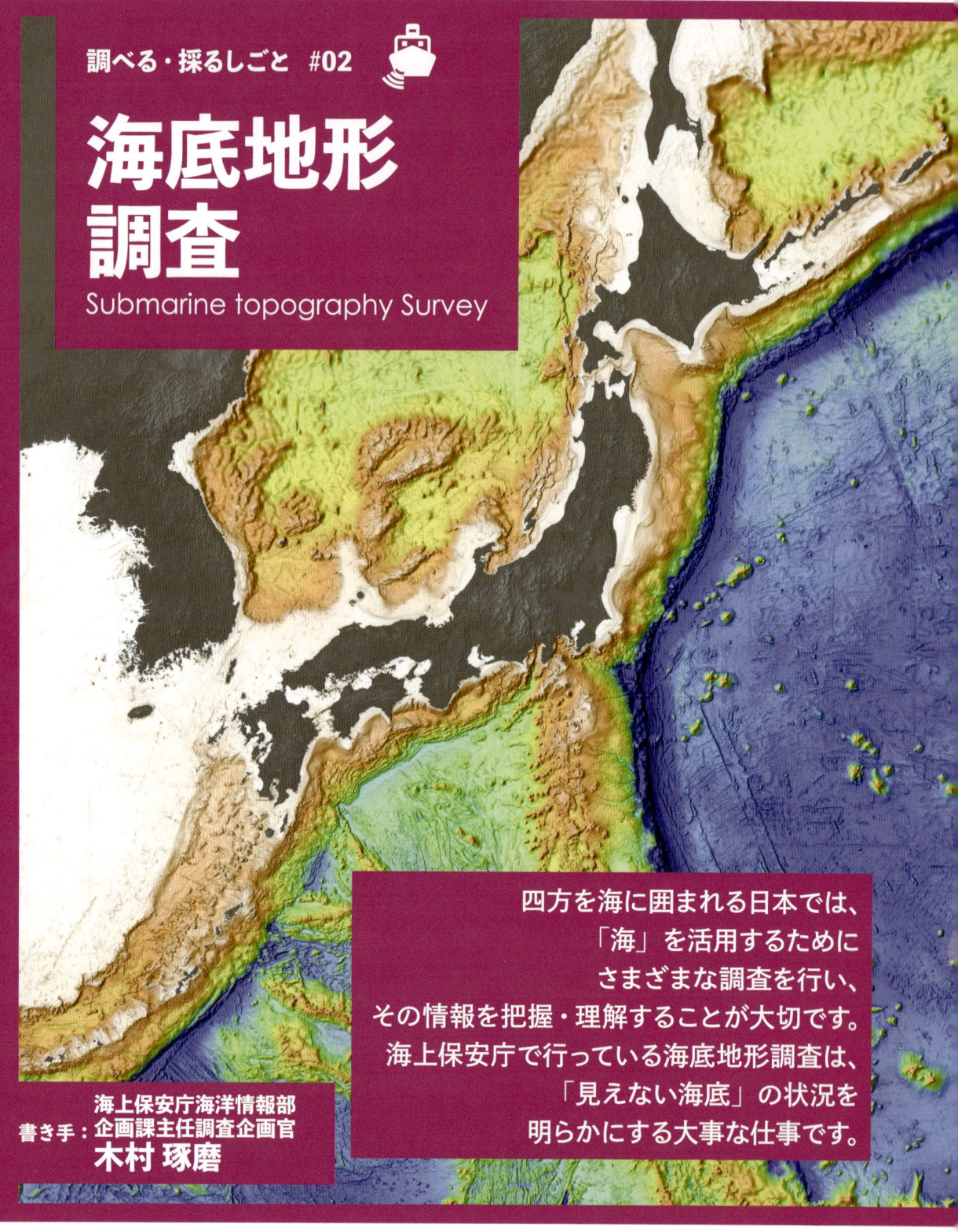

調べる・採るしごと #02

海底地形調査
Submarine topography Survey

四方を海に囲まれる日本では、
「海」を活用するために
さまざまな調査を行い、
その情報を把握・理解することが大切です。
海上保安庁で行っている海底地形調査は、
「見えない海底」の状況を
明らかにする大事な仕事です。

海上保安庁海洋情報部
書き手：企画課主任調査企画官
木村 琢磨

日本周辺の海底図（図・写真はすべて海上保安庁 提供）

どんな仕事をしているの？

　海に行った際には、広大な水面を目にされていることと思います。

　その水面の下には、当然のことながら地面（海底）が存在していますが、残念ながら直接目で見ることができません。

　そこで、海の深さ（水深）を測ることで、海底の起伏など海底の状況を明らかにするのが「海底地形調査」です。

　明治時代から昭和初期には、錘と呼ばれるおもりを付けたロープやワイヤーを海底まで下ろし、その長さにより海の深さを直接測っていましたが、深い海になると大変な作業でした。それが、昭和初期以降は音波などを使って海の深さを間接的に測る技術が使用されています。

　実際に、海上保安庁海洋情報部が行っている海底地形調査について紹介します。

船による調査

　測量船に搭載した「マルチビーム測深機」

マルチビーム測深による地形の記録

という調査機器を使って、船底にある送受波器から海底に音波を発信します。その音波が海底から反射して返ってきた往復の時間を距離に換算することで水深を測ります。船を走らせながら一度に 100 本以上の音波を扇状に発信することで、深さの約 5 倍の幅の水深を測ることができます。これを連続して繰り返すことで、広範囲に海底地形を調査することができるのです。

　港の内や岸近くの浅い海域は小型の測量船で、沖合いの深い海域は大型の測量船を使用して調査を行っています。

　ところで、世界で一番深い海は日本のはるか南（東京から約 2,700km）のマリアナ海溝にあることが知られています。1984 年 2 月に海上保安庁の測量船「拓洋」で測ったところ、最も深かった場所で 10,920 m を記録しました。世界で最も高い山として知られる標高約 9,000 m のチョモランマ（エベレスト）がすっぽり水没してしまう深さですから驚きです。

海底地形調査のイメージ

海底地形などを調査する測量船「拓洋」

船による調査では、海底までの距離が長くなり、音波の照射面積が大きくなります。そのため、一度に広い範囲を調査することができますが、詳細な海底の様子を捉えることはできません。

しかし、AUV は海底近くまで潜って調査をするため、音波の照射面積が小さくなります。そのため、測量船による調査と比べて一度に調査できる範囲は狭くなりますが、非常に精密に海底の様子を捉えることができます。

AUV（自律型潜水調査機器）による調査

AUV（Autonomous Underwater Vehicle：自律型潜水調査機器）は、海底近くまで深く潜り、あらかじめプログラムされた経路を自動で航走して調査を行う海洋調査機器です。

特に深海の海底地形を調査する場合、測量

航空機による調査（航空レーザー測量）

航空機にレーザー光を発射する装置を搭載し、地上や海に向けて発射します。海底などで反射して返ってきたレーザー光を受信するまでの時間差を計測して距離（水深など）に換算します。このような調査手法は一般的に「航空レーザー測量」と呼ばれています。1秒間に数千〜数十万回の回数でレーザー光を地上や海へ向けて左右または円形状に照射

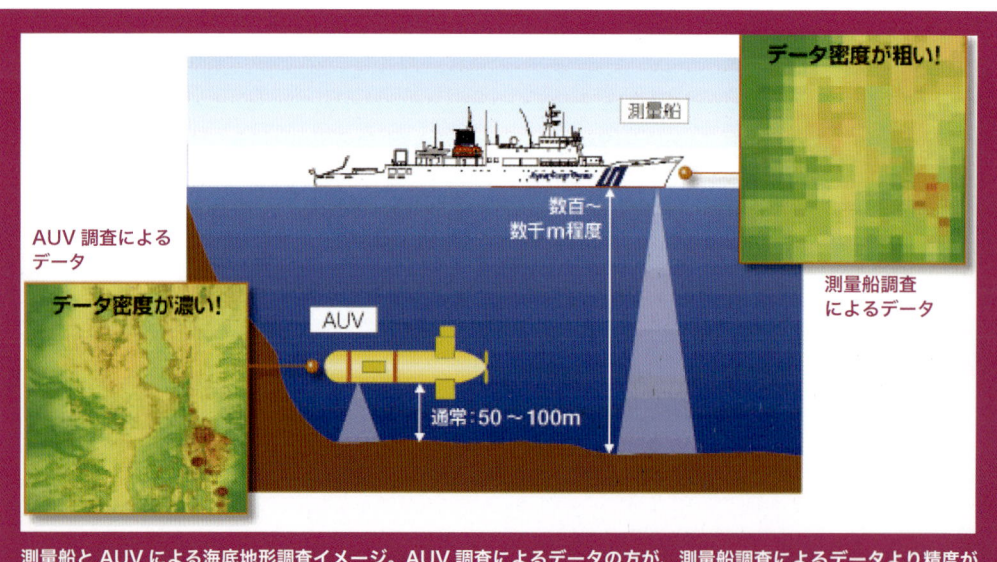
測量船と AUV による海底地形調査イメージ。AUV 調査によるデータの方が、測量船調査によるデータより精度が高い

海底近くまで潜って調査をする AUV（自律型潜水調査機器）

することで、一度に数百メートルもの幅で地形を調査することが可能となる技術です。海上保安庁では1秒間に1万回レーザーを発射し一度に幅約300mを調査できる機器を搭載しています。

　極めて水深が浅い海には測量船は入ることができませんが、航空機であれば浅い海のみならず地上も調査することが可能であり、おもに陸と海の境界線を明らかにする目的で調査しています。

仕事のやりがいを感じるのはどのようなときですか？

　ご紹介したさまざまな手段による海底地形調査は、さまざまな分野で役立っています。船による調査では、2011年3月11日に発生した東日本大震災による津波に襲われた沿

浅海域でも測量が可能！
一度に広範囲の測量が可能！

測量結果

測量船と AUV による海底地形調査イメージ

釜石港にて測量中の「明洋」測量艇（左）／発見したチムニー群（右）／噴煙をあげる西之島。航空機によるレーザー測量が行われた（下）

岸の港では、多くの家や車などが海に流され水没しました。また、地盤が大きく変動したこともあり、救援物資を積んだ船の入港が難しい状態になりました。そこで、海上保安庁の本庁（東京）に所属する測量船を緊急に現地へ派遣し、主要な港周辺で地盤変動後の海底地形調査を実施しました。地盤変更後の水深や障害物の存在箇所を明らかにすることで、復興・復旧のための船による救助・支援活動の実現に大きく貢献することができました。

　AUV による調査では、2014 年 6 月に、沖縄県の久米島沖で熱水が噴出する煙突状の地形（チムニー）を多数発見し、日本周辺では最大規模のチムニー群であることが判明しました。この海底地形は、後の調査で海洋鉱物資源の開発につながる可能性があることが

わかりました。

　航空機による調査の成果もあります。2013 年 11 月、東京から南に約 1,000kmの海上にある西之島が 39 年ぶりに噴火し、噴出した溶岩などによって、島の面積が拡がりました。西之島が大きくなれば、同時に日本の主権が及ぶ領海（基線からその外側 12 海里（約 22km））も拡がることになります。噴火が沈静化したタイミングで航空レーザー測量を実施し、この調査成果により領海の基線を決定し、2017 年 6 月 30 日に海図「西之島」を発行することができました。

　このように国民の安心や海洋権益の確保・海洋資源開発といった国益にも直結する非常に重要な仕事に携われることは、他の仕事ではなかなか味わえない、大きなやりがいを感

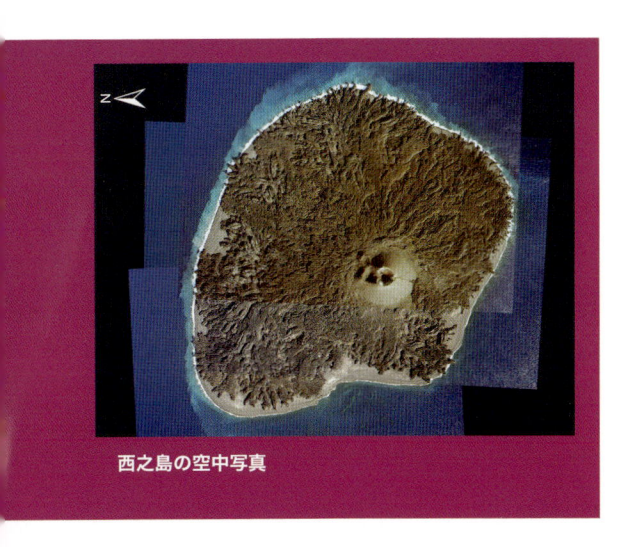
西之島の空中写真

じるところです。

**なぜ、海底地形調査の仕事は
必要なの？**

海上保安庁では、海図（海の地図）を作製

しています。海図には、海岸線・水深・等深線・障害物・航路標識といった船を安全に航行させるうえで欠かせないさまざまな情報が記されています。そのなかでも、特に重要な水深・等深線・海底障害物などは海底地形調査により得られます。

　また、津波防災のための津波シミュレーションには海底地形データが不可欠です。海上保安庁で取得した海底地形データについては、津波シミュレーション用として津波防災対策で使用する目的で地方自治体や研究機関等へも提供しています。

　海底地形調査により得られる成果は、海域火山の活動状況の監視や先に記述したとおり海洋権益の確保・海洋資源開発などにおいても有益な情報として活用されています。

　四面を海に囲まれた海洋立国日本にとって、海底地形調査の仕事は欠くことのできない非常に重要な仕事であると言えます。

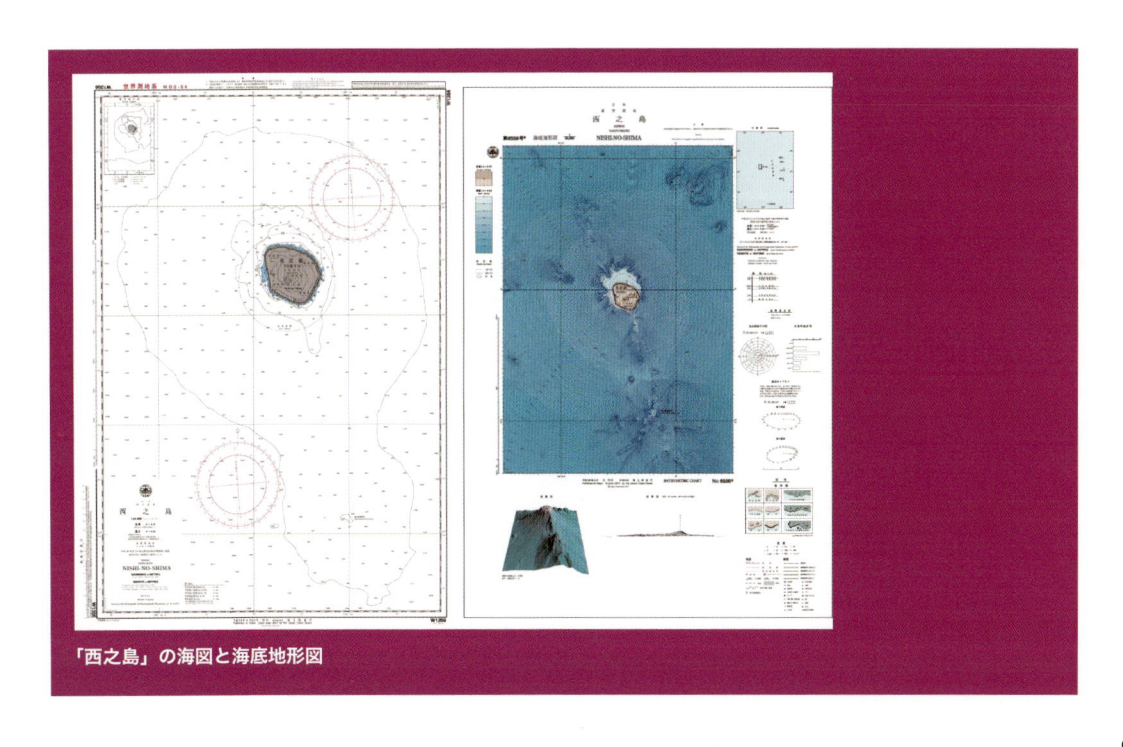
「西之島」の海図と海底地形図

海洋掘削・資源採取
Ocean Drilling

日本大学 理工学部
海洋建築工学科
書き手：**居駒 知樹**
日本海洋掘削株式会社
末永 健三

資源の少ない国と言われてきた日本ですが、
日本周辺の「海」には、希少な金属を含む
鉱物資源や「メタンハイドレート」が
たくさんあることがわかりました。
こうした新しい資源の調査や開発を行い、
採取する希望ある大事な仕事です。

ジャッキアップ型リグ「HAKURYU-12」（日本海洋掘削 提供）

海洋石油・ガス掘削はどんな仕事をしているの？

日本は資源の少ない、あるいはほとんどない国だと小学生のころから社会科や地理で教わってきました。ところが、最近の調査で日本の周辺海域には稀少な金属を含む鉱物資源や「燃える氷」とよばれるメタンハイドレートなどがたくさんあることがわかってきました。石油・天然ガスや金属類のほぼすべてを輸入している日本ですから、それらに代わるものが採れるのであれば、わざわざ外国から輸入しなくてもよいのです。しかし実際には日本国内（領海）や日本の排他的経済水域（EEZ）内で採るよりも外国から買ってきた方が安上がりですので、高いお金をかけて日本で資源を採って生産する必要はなくなってしまいます。

私たちが普段の生活で利用する一次エネルギーとして、石油や天然ガスが非常に重要です。これらはやはりほとんどを海外から輸入しています。海外で生産して船で日本へ運ぶわけですが、日本の企業も掘削や生産に多く関わっています。

将来の石油生産は緩やかに減少していくと予測されていますが、反対に海洋での石油生産は増えていくと考えられています。海洋で石油や天然ガスを採取するためにはさまざまな技術が必要です。その技術は日々発展してきたので、可採埋蔵量（技術的にも経済的にも採ることができる量）が増加してきました。石油も天然ガスも生産するための技術はほとんど同じなので、ここでは海洋石油開発について解説します。

海洋石油開発は次の3つの手順によって実施されます。①探査、②試掘・採掘、③生産、です。この3つそれぞれのプロセスの技術が格段に効率化されたことで可採埋蔵量が大幅

ジャッキアップ型リグ「HAKURYU-11」
（日本海洋掘削 提供）

に増加しました。①の「探査」技術には、海上からの地震探査技術を使った「3次元物理探査」などが使われ、海底下の構造を3次元的にかつ精度良く推定できるようになりました。②の「試掘」による石油の確認や生産可能か否かの判断などの精度を大幅に向上できています。試掘の結果、生産が可能な井戸だと判断されれば、採掘されて生産が始まります。③の「生産」では、石油は海底下の地層から「ライザー管」という管を通して海上の処理施設に送られます。

海底下の石油はポンプによって吸い出すわけではなく圧力差（海底下が高圧）によって自噴させますので、吹き出す圧力が下がってくると、たくさんの石油が地層内に残っているにもかかわらず採取することができなく

セミサブマーシブル型リグ「HAKURYU-5」（日本海洋掘削 提供）

なってしまいます。一般に自噴だけでは 20 〜 40% 程度しか採り出せないといわれています。そこで井戸を掘削する際の向きを変える（傾斜掘り）などのさまざまな工夫によって、より多くの石油を採取できるようになりました。最近は水を海底下に吹き込むことで圧力を維持してより多くの石油を採り出す技術も使われています。将来的には地上で余った二酸化炭素を海底下に送り込んで石油を効率的に採取することも可能となります。これらを「石油増進回収法」といっており EOR（Enhanced Oil Recovery）とも呼ばれています。

　石油を探査によって見つけ出してから生産が終わるまでの期間は数十年になりますので、ひとつの井戸を探し出して生産がはじまるま

でにも多くの時間がかかります。そういった意味では非常に気長な仕事になります。

　気長ということでは、作業環境そのものも陸上とは大分異なるのが海洋上の作業です。海上での掘削作業や生産作業は 24 時間をとおして行われていますので、機械装置を止めることができず、作業員が交代で稼働させる必要があります。現在、日本国内での海洋石油・ガス開発がほとんどないために、現場での実際の勤務は海外になります。一見厳しそうではありますが、海外での勤務で、多くの外国人と接しながら海上で仕事をする、というとてもロマンのある仕事と考えることもできます。日本企業から現地へ出張する場合の仕事は現場管理が主です。そのため、単に作業員としてではなく、掘削作業や生産作業を

監督する立場となるわけですから、非常に責任のある仕事をこなすことになります。このような仕事は海洋石油・ガス開発の世界だけでも世界中の海にあります。

それでは前述したような仕事をする海上はどのようなところなのでしょうか。水深は数十メートルから数百メートルありますが、これは浅い海です。メキシコ湾やブラジル沖での開発はすでに 2,000m の水深を超えています。一般に 1,500m を超える水深を超大水深といい、300m 〜 500m を大水深といいます。ところで、海上には波があるので、これに耐えられる安全で安心な構造物や作業環境が必要です。ブラジル沖は比較的波が低いといわれていますが、それでも 10m を超える高さの波も発生します。北海やメキシコ湾では平均の波の高さが 15m 以上となり、最も大きな波は 30m に届くような場合も想定されます。このようななかで掘削や生産作業を行うのは危険ではありますが、十分な安全性が確保されるように世界的な基準や規則が適用されています。陸上作業に比べてはるかに世界標準の安全性が担保された作業環境であるともいえます。

海洋再生可能エネルギー事業（風力・波力・潮汐）

海には風や波、流れがあります。それらのもつエネルギーを「海洋再生可能エネルギー」といい、これらを利用して発電することができます。海洋には太陽のエネルギーが蓄積されていて、太陽から注がれる熱エネルギーによって海や陸の地表は暖められその熱を蓄えます。地域によるその熱量の違いによって空気の温まり方が異なり、結果として低気圧や高気圧帯ができあがります。空気は上昇したり下降したり、地球規模の大きな大気の循環から地域ごとの風になります。海上は、陸上のように標高の高低や建物、森林などの障害物がないために、陸上風よりも強くなる傾向があります。より強い風を利用して海上で風車を使って発電しようと考えたのが「洋上風力発電」です。

次に、風によって水面が上下運動をすることを「波浪」と言います。この波浪は海面に

浮体式洋上風力発電（福島洋上風力発電コンソーシアム）　波力発電（和歌山県すさみ町）

起伏をつくりながら遠くへ伝わっていき、風のエネルギーが波浪という波のエネルギーに形を変えて、他の海域（風域外）へエネルギーを運んでいくのです。この波浪のエネルギーを利用して発電するのが波力発電です。

さらに「潮汐波動」と呼ばれる波があります。「海には満ち潮と引き潮がある」と聞いたことはありませんか。潮が満ちたり引いたりして海面の高さが変化します。その周期は12時間程度と非常に長いために波というよりも海水の流れとして認識されます。この海水の流れを利用して水車を回転させて発電するのが潮流発電です。

潮の満ち引きの差が10mほどもあるような海域では、人工のダムによって満潮時に貯めた海水を排水するときの流れを利用して発電する「潮汐発電」もあり、こちらはすでに世界で複数が商用運転されています。

海洋再生可能エネルギーを利用した発電のためには、各種の発電装置の開発が必要なだけではなく、工事費用をできるだけ低く抑えるため、海上施工技術も向上させることが重要です。発電装置は造船・重工業メーカーと電機メーカーが主となって開発するのが一般的ですが、装置の設置には建設会社の技術が必要です。海上に設置された発電装置で発電しても、その電力を陸へ運ぶための送電が必要です。一般的には海底ケーブルを陸へ引くことでそれを実現します。出来上がった発電装置や送電設備を利用するのは、電力を売る電力事業者です。海洋再生可能エネルギー事業とひとことでいっても、それに関わる企業の業種や人の職種はさまざまなのです。洋上風力発電は海底に構造物を固定する「着床式」と呼ばれるものから、沖合に浮かせる「浮体式」まで形式なども考えられています。まずは近い将来、着床式の洋上風力発電を日本国内でもたくさん見られるようになるでしょう。そして、さらにその先には非常に大規模な浮体式洋上風力発電装置が実現されるはずです。2017年現在、経済産業省の東北復興事業として、福島県沖に3機の洋上風力発電設備と変電設備1機が浮かんでおり、実験的な商用運転が行われています。

（日本大学 居駒知樹）

潮流発電（上）（川崎重工業 提供）／
着床式洋上風力発電（下）（NEDO 提供）

海洋での石油・天然ガス掘削の仕事

海洋掘削会社は、「海洋掘削リグ」と呼ばれる巨大な移動式海洋掘削装置を使って、顧

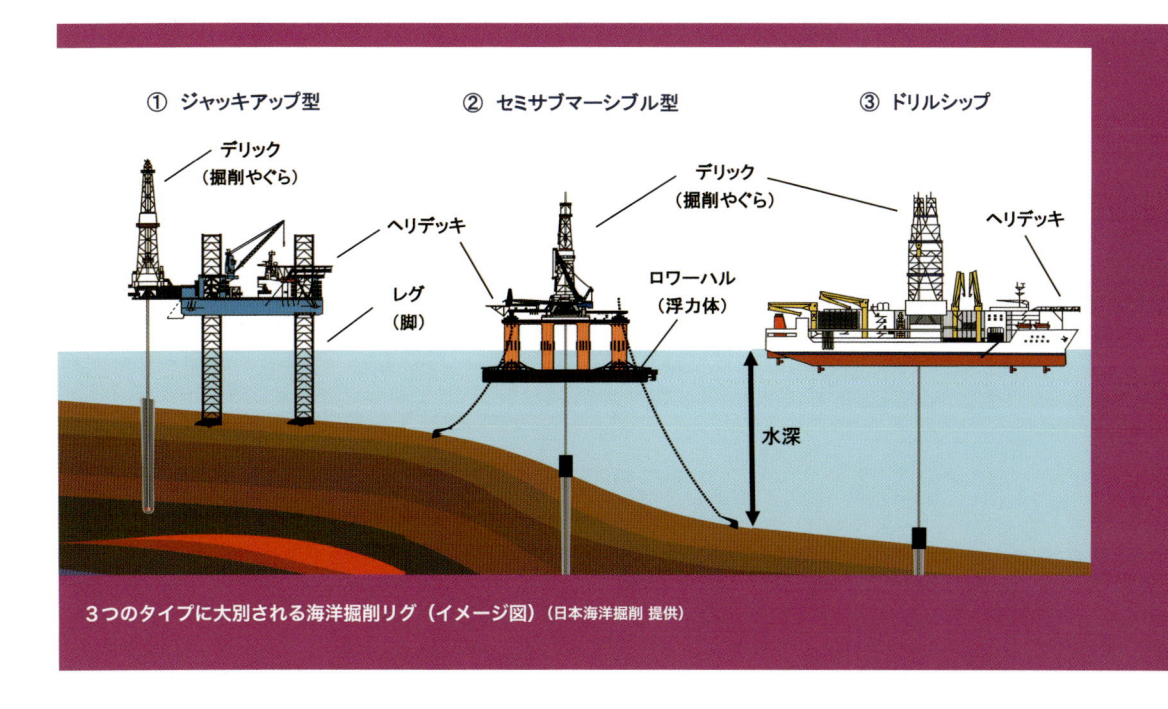

① ジャッキアップ型　　② セミサブマーシブル型　　③ ドリルシップ

デリック（掘削やぐら）

ヘリデッキ

レグ（脚）

デリック（掘削やぐら）

ロワーハル（浮力体）

ヘリデッキ

水深

３つのタイプに大別される海洋掘削リグ（イメージ図）（日本海洋掘削 提供）

客である石油・天然ガス開発会社に対し、石油・天然ガスの井戸を掘削するサービスを提供します。このような会社は、世界ではアメリカを中心に数多く存在していますが、日本では私が勤務している日本海洋掘削株式会社だけです。当社は 1968 年 4 月に設立されて以来、半世紀の間、世界の海で、さまざまな石油・天然ガス開発会社の掘削ニーズに応え続けてきました。海洋掘削の仕事では、洋上から海底下数千メートルのところにある石油・天然ガスの貯留層まで安全に、迅速に、効率的に井戸を掘ることが求められます。常に高い技術力と、信頼性の高い工事管理能力を要求されるのです。

　海洋掘削リグには、作業デッキ、デリック（掘削やぐら）、ヘリデッキや居住区等が搭載されています。掘削時には、鋼鉄製のパイプをつないで海底までおろし、先端に取り付けたドリルビットと呼ばれる機器を回転させて目標の油層やガス層を目指し、海底下を数千

メートル掘り進めます。

　海洋掘削リグは、稼働する水深に応じて 3 つのタイプに大きく分けられます。

　1 つ目は「ジャッキアップ（接地式甲板昇降）型」で、昇降可能なレグ（脚）によって支えられています。タグボートに曳かれて移動し、掘削地点に到着するとレグを下げ、海底面に設置させて掘削作業を行います。水深百数十メートルまでの比較的浅い海域で使用され、最も数が多いのがこのタイプです。

　2 つ目は「セミサブマーシブル（半潜水）型」で、ジャッキアップ型よりも深い水深で使用されます。掘削作業を行う際には「ロワーハル」と呼ばれる浮力体に水を入れることで船体を半分ほど海中に沈め、高い安定性を持たせています。

　3 つ目は「ドリルシップ」、船に掘削機器を搭載したタイプのリグです。船としての自走能力を持ち、ジャッキアップ型、セミサブマーシブル型よりもさらに深い水深で使用さ

れます。人工衛星や水中音響システムから得た位置情報をもとに、船底に備えられた「スラスター」と呼ばれる複数のプロペラで波や風の影響を制御し、洋上の定位置に長くとどまることが可能です。

　海洋掘削リグは、石油・天然ガス開発会社と契約下にあるときは、原則として24時間、365日、休みなく操業します。リグ上では当社外の人員も含め、さまざまな国から集まってきた100名以上のリグクルーがリグ上で共に寝泊まりしながら作業を行います。リグ上でのコミュニケーションは英語で行われます。リグクルーの勤務は1日12時間の2交代制をとっており、4週間をリグで勤務したのち、4週間の休日をとるという特殊な勤務形態が一般的です。日本人クルーは、リグと日本の間を飛行機とヘリコプターで行き来しますので、いわば飛行機通勤のようなかたちになります。食事は、多様な食文化・宗教を考慮して、複数の料理が用意されますが、

安全のためリグ上での飲酒は禁止されています。

なぜ、石油・天然ガス掘削の仕事は必要なの？

　現在、世界全体で使っているエネルギーのうち、約9割は石油や石炭、天然ガス、LPガスといった化石エネルギーで、今後も世界のエネルギーの中心的な役割を担っていきます。国際エネルギー機関（IEA）によれば、2040年の世界のエネルギー消費量は、2014年と比べておよそ1.3倍に増加し、その増加分の多くを占めるのが、中国やインドなどのアジアを中心とした新興国であると予測しています。これら新興国は、近年大きな経済発展を遂げており、今後も成長が加速することが見込まれ、これに伴い石油や石炭、天然ガスといった化石エネルギーの需要も増加していくとみられています。

リグ上での掘削作業の様子（日本海洋掘削 提供）

曳航されるジャッキアップ型リグ「HAKURYU-12」
（日本海洋掘削 提供）

フローテスト中のセミサブマーシブル型リグ
（日本海洋掘削 提供）

仕事のやりがいを感じるのはどのようなときですか？

　リグの上では、4週間ほど、洋上の孤立した環境で仕事に従事することになります。その間は同僚と生活を共にしますが、家族とは会えなくなります。また、海洋掘削の仕事は危険が伴います。安全を最優先するため、常に集中力を切らさないことが求められ、体力的にも大変ハードです。そのような環境のなか、困難な作業が上手くいったときや、石油や天然ガスが出たときの達成感は何にも代えがたい感動を覚え、やりがいを感じます。また、勤務期間と同じ長さの休暇を家族と共に過ごすことができるのは素晴らしいと感じています。

初めてのリグ乗船

　はじめに研修を兼ねて、石狩湾や台湾の洋上でリグに乗船し、リグクルーとして必要な現場の技術を習得しました。リグは予想以上に大きく、初めて実物を見たときは、その雰囲気に圧倒されそうになったことを覚えています。中東でジャッキアップ型リグに乗船しましたが、勤務中はエアコンが効いていない屋外での作業が多く、時には50度を超える暑さに身体が悲鳴をあげたこともありました。

　掘削が順調に進めば、終盤に行う作業として、「フローテスト（産出テスト）」というものがあります。掘り抜いた地層の石油・天然ガスを地表まで安全に導き出し、専用のバーナーで燃焼させ、その生産能力を調べます。初めてフローテストを行ったとき、リグのバーナーから出る大きなオレンジ色の炎により伝わる明るさ、熱、振動を五感で感じ、身震いをした記憶があります。同時に、危険な作業であることを再確認し、気を引き締め作業に取り組む決意をしたことを今でも良く覚えており、その気持ちを大切に持ち続けています。

（日本海洋掘削株式会社　末永健三）

「調べる・採るしごと」取材・執筆等協力者

一般社団法人全日本船舶職員協会

〒 101-0051　東京都千代田区神田神保町 2-32　金子ビル

TEL：03-3230-2651

国立研究開発法人海洋研究開発機構

〒 237-0061 神奈川県横須賀市夏島町 2-15

TEL：046-866-3811

日本大学理工学部 海洋建築工学科

〒 274-8501 千葉県船橋市習志野台 7-24-1

TEL：047-469-5420

日本海洋掘削株式会社

〒 103-0012　東京都中央区日本橋堀留町 2-4-3

ユニゾ堀留町二丁目ビル

TEL：03-5847-5850

第6章
環境保全のしごと
CHAPTER 6 environmental preservation work

海洋環境保全
Marine environmental conservation

海洋環境保全
Marine environmental conservation

書き手：　一般社団法人 JEAN
小島あずさ

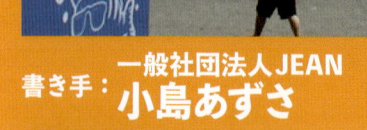

海洋の環境を保全するために、
まず私たちができること、
それは、海岸のごみを無くしていくことです。
海のごみ問題は、拾うだけでは決して解決しません。
それはいくらごみを回収しても、
新たなごみが繰り返し発生し、漂着するためです。
海洋の保全のためには、私たち自身がごみを減らし、
海を汚さない意識を持ち、行動していくことが大切です。

（写真はすべて一般社団法人 JEAN 提供）

どんな仕事をしているの？

海水浴やキャンプで海へ行くことがあるかと思いますが、その際、海辺の環境はどんな様子でしたか。シーズンである夏は、地元、ボランティアの方たちにより清掃されていてきれいな環境が維持されていますが、人がいない時期や場所ではごみが漂着しています。海にはたくさんのごみが思った以上に流れ着いているのです。

1986年に、アメリカの海洋環境保護団体が、海岸のごみを元から減らしていくために、清掃で集めたごみを調査する国際海岸クリーンアップ (International Coastal Cleanup=ICC) を始めました。ICC の活動はだれでも参加することができます。毎年9〜10月に海ごみ問題の根本的な解決方法を探るための調査が世界中で行われ、参加各国の調査結果は、参加者の意見や感想とともに

ICC の調査のために、集めたごみを分類するボランティア

アメリカの主宰団体に報告されます。

ICC は、海からごみを無くし、海の生きものたちや彼らが暮らす海の環境を守ろうということを目的にしています。

降りる道がついていない、崖下の海岸にもごみは繰り返し漂着する。この海岸のごみは、人が持ち込んだものではなく、海から流れ着いたもの

海洋ごみは、古くて新しい環境問題だといわれています。何十年も前から海岸にはごみが流れついていました。しかし、暮らしが豊かになってごみがとても多くなり、そのほとんどが自然に還らないプラスチック製のごみとなったことで、プラスチックによる海洋汚染という環境問題へと発展してしまったのです。

海に集まったプラスチックごみは、誰かが回収して処理しない限りずっと残り続けます。

ICCで海のごみを調べた結果、漁業や海辺のレジャーから発生するごみよりも、日常生活で使われている生活用品や食品の容器包装などの、陸域で使っていたごみが多くを占めていることがわかりました。なぜなら、町のなかのポイ捨てごみや、不法投棄ごみは、雨や風によって移動し、川などの水路を通じてやがて海へと流れていくからです。もちろん、町の中に散乱するごみがすべて海に行くわけではありませんが、海に出たごみは海岸に繰り返し漂着しますので、海岸にはごみが溜まってしまうのです。

漁網が絡まったアシカ

環境保全はなぜ必要なの？

では、海のごみにはどんな問題があるのでしょう。

化学繊維でできた漁網やロープなどは、ウミガメ、アザラシ、イルカ、アシカなどの生物に絡まってしまいます。

彼らは絡みついたごみを自分で外すことはできませんので、絡まったごみで自由を奪われたり、衰弱したり、死んでしまうこともあります。

また、生き物たちは、本当のエサと海に浮かぶプラスチックごみを区別できずに間違えて飲み込んでしまい、命を落とすこともあります。北西ハワイ諸島の海岸で見つかった海鳥の死骸からは、歯ブラシ、文房具、使い捨てライター、ペットボトルなどのふた、漁具など、いろいろな種類のプラスチックごみが出てきました。浮いて流れるこうしたごみと、

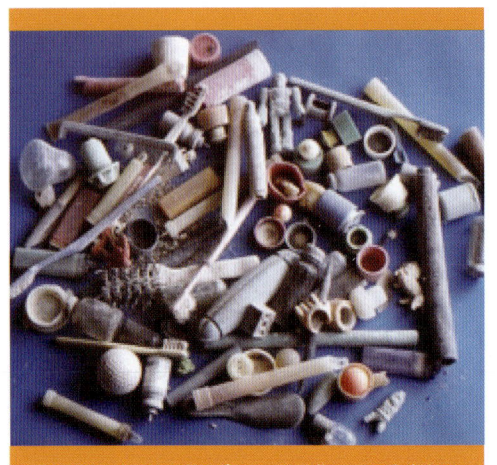
北西ハワイのレイサン島で、3羽分のコアホウドリの死骸から回収したプラスチックごみ

ハワイ島でのビーチクリーンアップを終えて

生きて泳いでいる魚やイカを区別することができずに、おいしいエサだと思って飲み込んでしまい、ごみによる満腹感からエサをとらなくなって死んでしまったようです。

　プラスチックごみは、海を流れているうちに波などの衝撃や、紫外線によってどんどん劣化してもろくなり、小さく砕けて破片になります。目に見えないほど小さくなっても分解しないで、海の中に残り続け、5ミリ以下に小さくなったプラスチックごみは、「マイクロプラスチック」と呼ばれ、世界中で調査や研究が始まっています。マイクロプラスチックをすべて回収することは不可能ですから、海にプラスチックごみを出さないようにしていくことがとても重要です。

なぜ、海洋環境保全の仕事を選んだの？

　最初は、海に流れ着くごみを拾ってきれいにしたり、そのごみを調べるボランティアとして休日に活動していました。その後、市民団体 JEAN（ジーン）という非営利の市民団体を仲間3人で立ち上げ、ごみを細かく調べたり、海ごみのことをたくさんの人に知らせたり、問題解決のための会議を開催したりと海ごみに関わるさまざまなことに取り組み始めました。

　日本で初めての ICC のことが新聞で紹介されると、全国の各地で海岸や川の清掃をしている人たちからたくさんの反響がありました。実際に拾っている人たちは、「拾うこと

海ごみサミットの様子

は大切だけれど、それだけではだめ。拾った直後はきれいになっても、時間がたつとまた次のごみが漂着する。ごみを元から絶たなくては、根本的な解決にはならない」と気付き始めていました。そこで、世界中で一斉に、ごみを元から減らすことを目指して行う海のごみ調査に参加したいと連絡をくれたのです。

　私たちは、ICC の日本ナショナルコーディネーターとして、国内での参加を呼びかけ、ごみ調査の結果のとりまとめ、主宰団体への報告や各国のコーディネータとの情報交換などを続けています。

　最初のころは、週に１〜２回、仕事が終わってから集まって、資料作りや ICC のまとめなどの作業をしていました。しかし、全国の

みなさんとの連絡や、役所や企業などに協力を依頼するためには、平日の昼間に動かなくてはならず、だんだんと JEAN の活動が仕事になっていきました。仕事、といってもだれかがお給料を用意してくれるわけではないし、活動にかかる費用も寄付を募ったりして自分たちで集めなくてはなりませんから、運営を続けることは大変です。

　仲間３人で JEAN を作ったときに、決めたことが３つありました。１つ目は、活動をしていくと大変なこともあるだろうけれど、笑顔でいようということ。どんなに頑張っていても、苦しそうな顔をしていては、仲間は増えないと思ったからです。２つ目は、ごみを調べてデータをとるのだから、すぐにやめ

ては意味がないので、10年はしっかり続けようということ。そして、3つ目は10年で解散しよう＝解散できるようにがんばろう、ということでした。

海岸の「クリーンアップキャンペーン」で、海岸のごみを拾うボランティア

仕事のやりがいを感じるのはどのようなときですか？

10年目も、20年目もとうに過ぎ、30年目が近づいていますが、残念ながら海のごみ問題はますます深刻になる一方です。マイクロプラスチックなどの新たな課題が見つかり、G7サミットや世界経済フォーラムでもプラスチックによる海洋汚染が議題として取り上げられて問題の深刻さが増しています。世界経済フォーラムでは、2050年までに海のプラスチックごみは魚の量を超えるとの試算が発表されました。

JEANがとりくんでいる海のごみ問題の現状はとても厳しいものですが、活動を続けてきてよかったと思う出来事や、嬉しいこともあります。JEANが毎年開催している『海ごみサミット』をはじめ、国際的な規模で海洋ごみ問題の解決のためにたくさんの人が集まって知恵を出しあったり、効果のある取り組みを紹介しあったりする機会が増えています。

そうした場で出会う仲間たちは、同じ視点と問題意識を持ち、海の環境をこれ以上悪化させないために最大限の努力を惜しまないという強い信念と行動力を持っています。そんな人たちと知り合い、親しく交流しながら一緒に解決策を考えていくことは、活動を続けていくためのエネルギーにもなっています。

私が初めてICCのやり方で、拾ったごみの調査をしたとき、あまりにもプラスチックでできたごみばかりであることや、海とは直接関係のない生活用品が多いことにおどろきました。

集めたごみをひとつずつ数えてデータカードに記録していく作業は、手間がかかりましたが、各地の会場から送られてくる集計結果と比べたり、会場ごとの違いを探したりしていくうちに、ボランティアが調査をすることの意義を身をもって感じることができました。

ごみがあって、自分にやる気さえあれば、どこでもだれでも行動することができます。そして、集めたデータは、国際的な取り組みの一部となり、貴重な『世界全体の海辺のプラスチック汚染』の状況を伝えることができる資料となります。この時の経験は、ICCの良さや特徴を説明するときにとても役立っています。

「環境保全のしごと」取材・執筆等協力者

一般社団法人 JEAN

〒185-0021 東京都国分寺市南町 3-4-12

マンションソフィア 202

TEL：042-322-0712

「海のしごと」に就くための学校

maritime school

「海のしごと」に就くための学校

maritime school

これまで紹介した「海のしごと」に就くためには、
専門の勉強をしたり、技術を身につけたり、
資格をとったりする必要があります。
ここでは専門技術などを学ぶ
いろいろな学校を紹介します。

1. 海技大学校

海技大学校は、船員になりたい人たちに対して、船を運航するためのいろいろな知識や技術を教えるための学校です。

海技大学校では、入学したての方への「新人教育」、船の教育を受けて、資格をとるための「資格教育」、実際の船に乗って行う「実務教育・訓練」や「水先教育」のほか、外国人のための「外国人教育」、「通信教育」など、いろいろな教育・訓練 を行っています。

実際に乗って訓練をするための船（実習船）もたくさんあります。

海技大学校校舎　　海技大学校

日本丸

大成丸

星雲丸

海王丸

銀河丸

（海技教育機構 提供）

117

清水海上技術短期大学校

館山海上技術学校

口之津海上技術学校

小樽海上技術学校

宮古海上技術短期大学校

波方海上技術短期大学校　　唐津海上技術学校

海上技術学校・海上技術短期大学校

（海技教育機構 提供）

実習の様子と練習船

2. 海上技術学校・海上技術短期大学校

　海上技術短期大学校は、中学校、高等学校を卒業した人が、船員になるために必要な勉強をして、海技士の免許を取るための教育を受ける学校です。

　海上技術短期大学校は、日本の港から港へ人や貨物を運ぶ「内航海運」で働く船員を育てる学校です。人びとの暮らしや日本の産業を支える欠かせない仕事ですが、最近では、若い船員が少なくなってきています。海上技術短期大学校では、こうした内航海運で働く若い船員を育てる大きな役目があります。

　学校では、航海と機関の両方を勉強します。また、大型練習船に実際に乗って訓練をする「乗船実習」を行うことで、船員の知識や能力、技術を身に付けます。

　海上技術短期大学校は、清水海上技術短期大学校と宮古海上技術短期大学校、波方海上

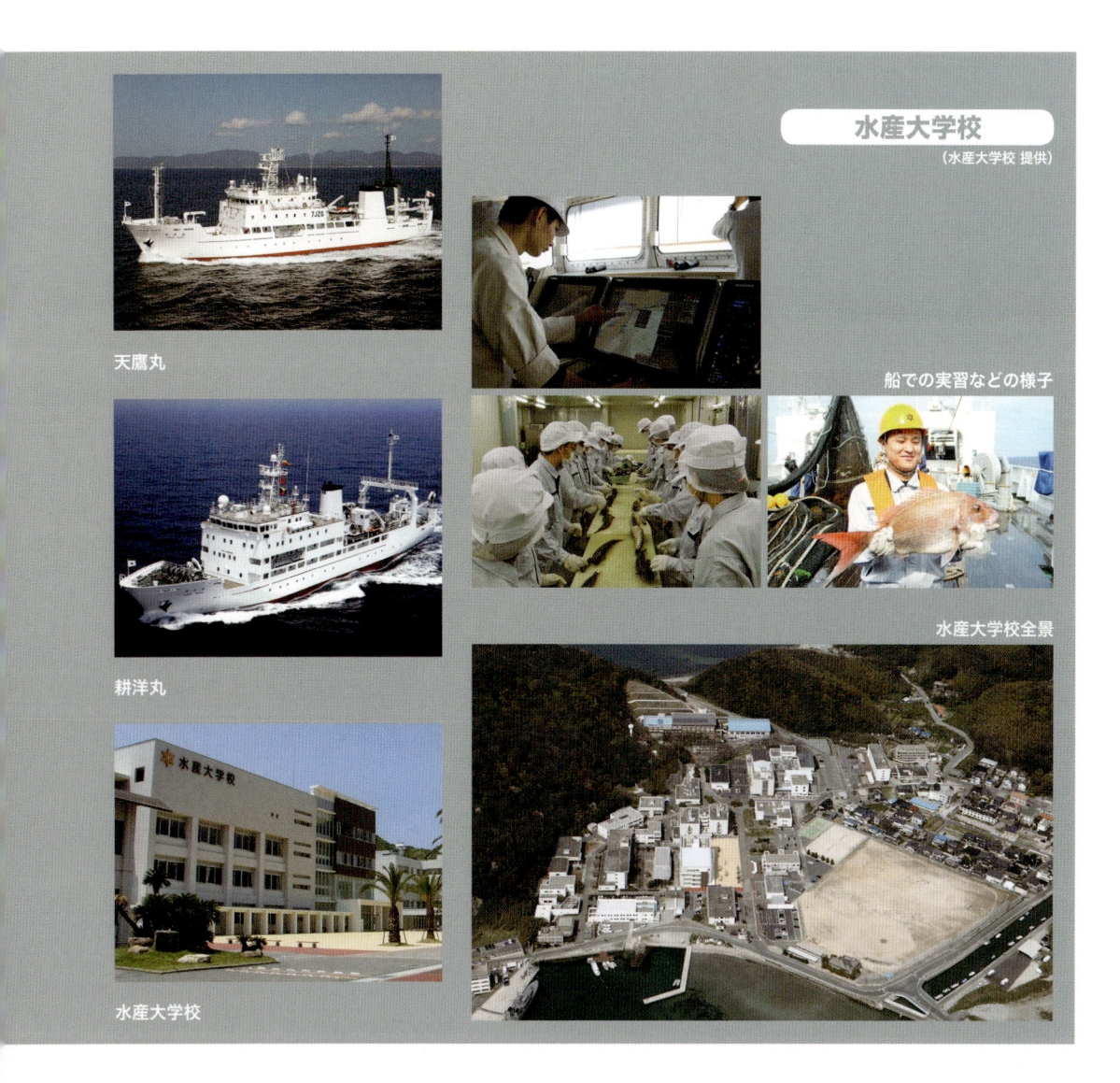

水産大学校
（水産大学校 提供）

天鷹丸

船での実習などの様子

耕洋丸

水産大学校全景

水産大学校

技術短期大学校の３校、海上技術学校は小樽、館山、唐津、口之津の４校があります。それぞれが、練習船を持ち、船員になるための教育を行っています。

3. 水産大学校

　水産大学校は、その名前のとおり、水産全体の基礎から応用までを大学レベルで学ぶと

ころで、水産の現場で活躍できる学理と技術を身に付けます。魚を中心とした水産物について、その採り方はもちろん、生き物としての特徴や食品に加工する技術や方法、食品としての健康や安全性などのほか、魚を運ぶ技術やそのための船についてなど、専門的かつ総合的に学ぶことができ、卒業後は４年制大学と同様に学位が授与されます。もちろん、大型の練習船もあり、漁業をはじめ研究のときにも船に乗りますから、船員の資格をとる

こともできます。

4. 商船高等専門学校

「商船」というのは、これまで紹介してきたような、貨物を運ぶ貨物船や人を運ぶ客船やフェリーなど、運ぶことで商売をする船の総称です。商船高等専門学校（商船高専）は、これら商船に乗る船員を育てる学校です。高等学校（高校）と同様に、中学校を卒業すると入学する資格が得られます。最近では、富山県にある商船高専のように、船員を育てるだけではなく、工業系の専門知識を学ぶ「工業高等専門学校」といっしょになって、富山高等専門学校として、いろいろな専門知識を身に付けることができる学校になってきたところもあります。現在、商船高専としての役割を持った学校は、富山、鳥羽、広島、大島、弓削の5校があります。

5. 工業高等学校・工業高等専門学校

工業高校や工業高等専門学校（工業高専）のなかには、造船や船のエンジンなどについて学ぶコースがあります。工業分野のいろいろな専門知識を学ぶ学校ですが、昔から日本

商船高等専門学校

実習の様子（広島商船高等専門学校 提供）

工業高等学校・工業高等専門学校

造船科の実習・実験の様子（須崎工業高等学校 提供）

を支えてきた重要な産業である造船や舶用工業に関わる人たちを育てる専門のコースもあります。

員になるための勉強をし、海技士の免許もとることができるのです。海や水産について専門に学ぶことのできる水産・海洋高等学校は、全国に 46 校もあります。

6. 水産・海洋高等学校

「水産」の名前のとおり、漁業、水産業についての専門の知識を身に付けるための学校です。日本周辺の海は豊かな漁場があり、古くから魚食が盛んです。海から魚をとるためには、「漁船」に乗りますから、船員の資格も必要になってきます。そのため、水産高校でも水産業についての専門知識のほかに、船

7. 海上保安大学校・海上保安学校

海上保安官になるための学校です。海上保安大学校では、海上保安官の幹部職員候補を、海上保安学校では、一般職員を養成します。海の安全を守るためのさまざまな専門知識を身に付けます。「巡視船」に乗っての勤務をしますので、海技士の資格も取得します。

水産・海洋高等学校

実習の様子（宮城県水産高等学校 提供）

海上保安大学校

正門

練習船「こじま」

海上保安学校

正門

練習船「みうら」

8. 防衛大学校

　自衛官になるための学校です。陸・海・空各自衛隊の幹部自衛官となる者を教育訓練する、防衛省の施設等機関です。海上自衛官もここで養成されます。一般の商船の海技士資格とは異なりますが、「護衛艦」などの艦艇勤務もありますので、乗艦のための特別な資格を取得します。

9. 大学

　大学は、あらゆる専門分野の勉強をすることができますが、海や船について専門的に学ぶ学校もたくさんあります。以前は、国立大学のなかでも、東京商船大学、神戸商船大学、東京水産大学という、「商船」「水産」の名前のついた大学がありました。いまでは「商船」や「水産」にとらわれず、海や船について、ほかのいろいろなことといっしょに学び、広く知識を身に付けるということで、東京商船大学と東京水産大学は統合され、「東京海洋大学」に、神戸商船大学は、神戸大学に統合され、神戸大学海事科学部となりましたが、海、船について学ぶ最高学府として、いろいろな方面で活躍する人たちを育てています。

　北海道大学水産学部、広島大学生物生産学部、長崎大学水産学部、鹿児島大学水産学部、東海大学海洋学部なども海・船について学ぶとともに、海技士の資格取得も可能です。また、横浜国立大学理工学部、大阪大学工学部、大阪府立大学工学部、広島大学工学部、九州大学工学部、長崎総合科学大学工学部などでは船舶工学や造船についての勉強をすることができます。そのほか一般の大学でも、工学部などでは船のエンジンなど舶用工業の勉強もできますし、ほかにも「海」を専門的に学ぶコースがたくさんあります。

防衛大学校

防衛大学校正門と伝統のカッター競技会の様子（防衛大学校 提供）

大学

東京海洋大学海洋工学部 正門と実習船による実習の様子

東京海洋大学海洋生命科学部・海洋資源環境学部 正門と実習船

（東京海洋大学 提供）

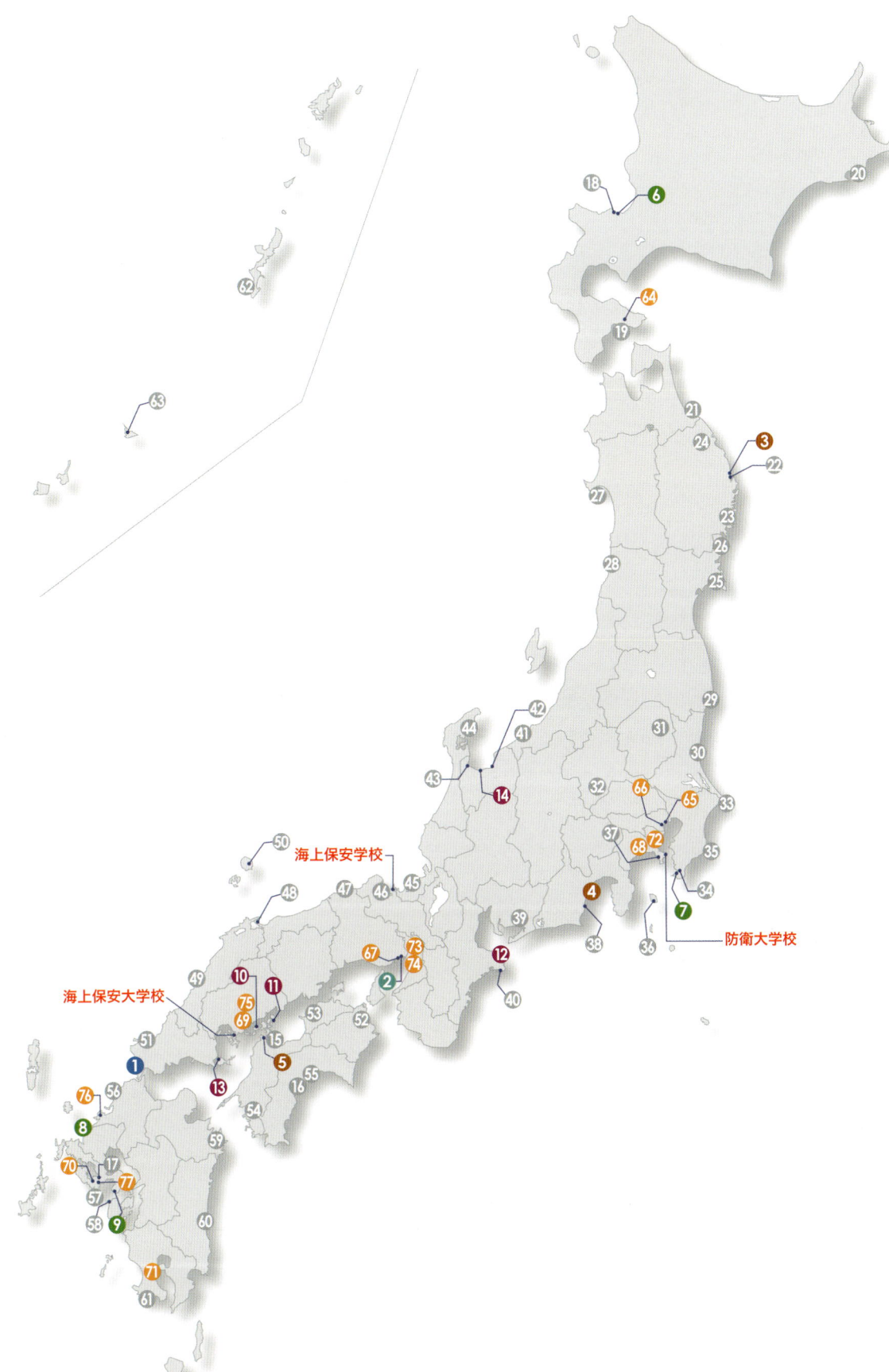

海上保安学校

海上保安大学校

防衛大学校

水産大学校

❶ 水産大学校	〒759-6595	山口県下関市永田本町 2-7-1	083-286-5111

海技大学校

❷ 海技大学校	〒659-0026	兵庫県芦屋市西蔵町 12-24	0797-38-6201

海上技術短期大学校

❸ 国立宮古海上技術短期大学校	〒027-0024	岩手県宮古市磯鶏 2-5-10	0193-62-5316
❹ 国立清水海上技術短期大学校	〒424-8678	静岡県静岡市清水区折戸 3-18-1	054-334-0922
❺ 国立波方海上技術短期大学校	〒799-2101	愛媛県今治市波方町波方甲 1634-1	0898-41-9640

海上技術学校

❻ 国立小樽海上技術学校	〒047-0156	北海道小樽市桜 3-21-1	0134-54-2122
❼ 国立館山海上技術学校	〒294-0031	千葉県館山市大賀無番地	0470-22-1911
❽ 国立唐津海上技術学校	〒847-0871	佐賀県唐津市東大島町 13-5	0955-72-8268
❾ 国立口之津海上技術学校	〒859-2503	長崎県南島原市口之津町丁 5782	0957-86-2151

商船高等専門学校

❿ 国立広島商船高等専門学校	〒725-0231	広島県豊田郡大崎上島町東野 4272-1	0846-67-3022
⓫ 国立弓削商船高等専門学校	〒794-2593	愛媛県越智郡上島町弓削下 弓削 1000	0897-77-4606
⓬ 国立鳥羽商船高等専門学校	〒517-8501	三重県鳥羽市池上町 1-1	0599-25-8000
⓭ 国立大島商船高等専門学校	〒742-2193	山口県大島郡周防大島町大字 小松 1091-1	0820-74-5451
⓮ 国立富山高等専門学校 射水キャンパス	〒933-0293	富山県射水市海老江練合 1-2	0766-86-5100

工業高等学校／水産・海洋高等学校

⓯ 愛媛県立今治工業高等学校 機械造船科	〒852-8052	愛媛県今治市河南町 1-1-36	0898-22-0342
⓰ 高知県立須崎工業高等学校 造船科	〒785-8533	高知県須崎市多ノ郷和佐田甲 4167-3	0889-42-1861
⓱ 長崎県立長崎工業高等学校 機械システム科 造船コース	〒852-8052	長崎県長崎市岩屋町 41-22	095-856-0115
⓲ 北海道小樽水産高等学校	〒047-0001	北海道小樽市若竹町 9-1	0134-23-0670
⓳ 北海道函館水産高等学校	〒049-0111	北海道北斗市七重浜 2-15-3	0138-49-2412
⓴ 北海道厚岸翔洋高等学校	〒088-1114	北海道厚岸郡厚岸郡厚岸町湾月 1-20	0153-52-3195
㉑ 青森県立八戸水産高等学校	〒031-0822	青森県八戸市白銀町人形沢 6-1	0178-33-0023
㉒ 岩手県立宮古水産高等学校	〒027-0024	岩手県宮古市磯鶏 3-9-1	0193-62-1430
㉓ 岩手県立高田高等学校	〒029-2205	岩手県陸前高田市高田町字長砂 78-12	0192-55-3154
㉔ 岩手県立久慈東高等学校	〒028-0021	岩手県久慈市門前第 36 地割 10	0194-53-4489
㉕ 宮城県水産高等学校	〒986-2113	宮城県石巻市宇田川町 1-24	0225-24-0404
㉖ 宮城県気仙沼向洋高等学校	〒988-0064	宮城県気仙沼市九条 213-3	0226-22-1131
㉗ 秋田県立男鹿海洋高等学校	〒010-0521	秋田県男鹿市船川港南平沢字 大畑台 42	0185-23-2321
㉘ 山形県立加茂水産高等学校	〒997-1204	山形県鶴岡市加茂字大崩 595	0235-33-3031
㉙ 福島県立いわき海星高等学校	〒970-0316	福島県いわき市小名浜下神白字 舘の腰 153	0246-54-3001
㉚ 茨城県立海洋高等学校	〒311-1214	茨城県ひたちなか市和田町 3-1-26	029-262-2525
㉛ 栃木県立馬頭高等学校	〒324-0613	栃木県那須郡那珂川町馬頭 1299-2	0287-92-2009

㉜	群馬県立万場高等学校	〒370-1503	群馬県多野郡神流町生利 1549-1	0274-57-3119
㉝	千葉県立銚子商業高等学校 海洋校舎	〒288-0837	千葉県銚子市長塚町 1-1-12	0479-22-1348
㉞	千葉県立館山総合高等学校 水産校舎	〒294-0037	千葉県館山市長須賀 155	0470-22-0180
㉟	千葉県立勝浦若潮高等学校	〒299-5224	千葉県勝浦市新官 1380	0470-73-1133
㊱	東京都立大島海洋国際高等学校	〒100-0211	東京都大島町差木地字下原 996	0499-24-0385
㊲	神奈川県立海洋科学高等学校	〒240-0101	神奈川県横須賀市長坂 1-2-1	046-856-3128
㊳	静岡県立焼津水産高等学校	〒425-0026	静岡県焼津市焼津 5-5-2	054-628-6148
㊴	愛知県立三谷水産高等学校	〒443-0021	愛知県蒲郡市三谷町水神町通 2-1	0533-69-2265
㊵	三重県立水産高等学校	〒517-0703	三重県志摩市志摩町和具 2578	0599-85-0021
㊶	新潟県立海洋高等学校	〒949-1352	新潟県糸魚川市大字能生 3040	025-566-3155
㊷	富山県立滑川高等学校	〒936-8507	富山県滑川市加島町 45	076-475-0164
㊸	富山県立氷見高等学校	〒935-8535	富山県氷見市幸町 17-1	0766-74-0335
㊹	石川県立能登高等学校	〒927-0433	石川県鳳珠郡能登町字宇出津マ字 106-7	0768-62-0544
㊺	福井県立若狭高等学校	〒917-8507	福井県小浜市千種 1-6-13	0770-52-0007
㊻	京都府立海洋高等学校	〒626-0074	京都府宮津市字上司 1567-1	0772-25-0331
㊼	兵庫県立香住高等学校	〒669-6563	兵庫県美方郡香美町香住区矢田 40-1	0796-36-1181
㊽	鳥取県立境港総合技術高等学校	〒684-0043	鳥取県境港市竹内町 925	0859-45-0411
㊾	島根県立浜田水産高等学校	〒697-0051	島根県浜田市瀬戸ヶ島町 25-3	0855-22-3098
㊿	島根県立隠岐水産高等学校	〒685-0005	島根県隠岐郡隠岐の島町東郷吉津 2	08512-2-1526
(51)	山口県立大津緑洋高等学校 水産キャンパス	〒759-4106	山口県長門市仙崎 1002	0837-26-0911
(52)	徳島県立徳島科学技術高等学校	〒770-0006	徳島県徳島市北矢三町 2-1-1	088-631-4185
(53)	香川県立多度津高等学校	〒764-0011	香川県仲多度郡多度津町栄町 1-1-82	0877-33-2131
(54)	愛媛県立宇和島水産高等学校	〒798-0068	愛媛県宇和島市明倫町 1-2-20	0895-22-6575
(55)	高知県立高知海洋高等学校	〒781-1163	高知県土佐市宇佐町福島 1	088-856-0202
(56)	福岡県立水産高等学校	〒811-3304	福岡県福津市津屋崎 4-46-14	0940-52-0158
(57)	長崎県立長崎鶴洋高等学校	〒850-0991	長崎県長崎市末石町 157-1	095-871-5677
(58)	熊本県立天草拓心高等学校 マリン校舎	〒863-2507	熊本県天草郡苓北町富岡 3757	0969-35-1155
(59)	大分県立海洋科学高等学校	〒875-0011	大分県臼杵市大字諏訪 254-1-2	0972-63-3678
(60)	宮崎県立宮崎海洋高等学校	〒880-0856	宮崎県宮崎市日の出町 1	0985-22-4115
(61)	鹿児島県立鹿児島水産高等学校	〒898-0083	鹿児島県枕崎市板敷南町 650	0993-76-2111
(62)	沖縄県立沖縄水産高等学校	〒901-0305	沖縄県糸満市西崎 1-1-1	098-994-3483
(63)	沖縄県立宮古総合実業高等学校	〒906-0013	沖縄県宮古島市平良下里 280	0980-72-2249

大学

(64)	北海道大学 水産学部	〒060-0808	北海道札幌市北区北 8 条西 5	011-716-2111
(65)	東京海洋大学 海洋工学部	〒135-8533	東京都江東区越中島 2-1-6	03-5245-7300
(66)	東京海洋大学 海洋生命科学部・海洋資源環境学部	〒108-8477	東京都港区港南 4-5-7	03-5463-0400
(67)	神戸大学 海事科学部	〒658-0022	兵庫県神戸市東灘区深江南町 5-1-1	078-431-6200
(68)	東海大学 海洋学部航海学科 航海専攻 乗船実習課程	〒424-8610	静岡県静岡市清水区折戸 3-20-1	054-334-0411
(69)	広島大学 生物生産学部	〒739-8511	広島県東広島市鏡山 1-3-2	082-422-7111
(70)	長崎大学 水産学部	〒852-8521	長崎県長崎市文教町 1-14	095-819-2793
(71)	鹿児島大学 水産学部	〒890-8580	鹿児島県鹿児島市郡元 1-21-24	099-285-7111
(72)	横浜国立大学 理工学部	〒240-8501	神奈川県横浜市保土ケ谷区常盤台 79-1	045-339-3014
(73)	大阪大学 工学部	〒565-0871	大阪府吹田市山田丘 2-1	06-6877-5111
(74)	大阪府立大学 工学部	〒599-8531	大阪府堺市中区学園町 1-1	072-252-1161

75	広島大学 工学部	〒739-8511	広島県東広島市鏡山 1-3-2	082-422-7111
76	九州大学 工学部	〒819-0395	福岡県福岡市西区元岡 744	092-802-2708
77	長崎総合科学大学 工学部	〒851-0123	長崎県長崎市網場町 536	095-838-5158
●	海上保安学校	〒625-8503	京都府舞鶴市字長浜 2001	0773-62-3520 〜3522
●	海上保安大学校	〒737-8512	広島県呉市若葉町 5-1	0823-21-4961
●	防衛大学校	〒239-8686	神奈川県横須賀市走水 1-10-20	046-841-3810

海のしごと」に就くための学校　取材協力者

独立行政法人海技教育機構
〒231-0003　神奈川県横浜市中区北仲通 5-57　横浜第 2 合同庁舎 20 階
TEL：045-211-7303

独立行政法人水産研究・教育機構
〒220-6115　神奈川県横浜市西区みなとみらい 2-3-3　クイーンズタワー B 棟 15 階
TEL：045-227-2600

広島商船高等専門学校
〒725-0231　広島県豊田郡大崎上島町東野 4272-1
TEL：0846-67-3022

須崎工業高等学校
〒785-8533　高知県須崎市多ノ郷和佐田甲 4167-3
TEL：0889-42-1861

宮城県水産高等学校
〒986-2113　宮城県石巻市宇田川町 1-24
TEL：0225-24-0404

索引

どうして海のしごとは大事なの？

2018 年 6 月 28 日　初版発行

定価はカバーに
表示してあります。

編者　「海のしごと」編集委員会
発行者　小川典子
印刷　　株式会社シナノ
製本　　東京美術紙工協業組合

発行所　株式会社成山堂書店
〒160-0012　東京都新宿区南元町 4 番 51　成山堂ビル
TEL：03(3357)5861　FAX：03(3357)5867
URL：http://www.seizando.co.jp

落丁・乱丁本はお取り換えいたしますので、小社営業チーム宛にお送りください。

© 2018　uminoshigoto henshuiinkai
Printed in Japan

ISBN978-4-425-91171-4

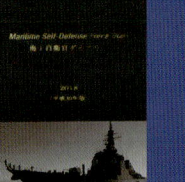

海上保安ダイアリー
海上保安ダイアリー編集委員会 [編]

潮汐、警備救難、水路、灯台等の知識や情報等を収録した海上保安に役立つ便利帳。工作船や大陸棚に関するデータも追加。

ポケット判／ 252p ／
定価 本体 1,000 円

海上保安大学校・海上保安学校への道
海上保安協会 [監修]

海上保安官をめざす人のために、海上保安大学校、海上保安学校の入学案内・教育内容や海上保安庁の機構、業務内容等を詳しく解説。

B5 判／ 148p ／定価 本体 1,800 円

海上自衛官ダイアリー
海上自衛官ダイアリー編集委員会 [編]

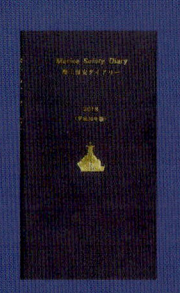

防衛大綱や服務規程など自衛官としての基礎知識と海上勤務で必要な海上交通三法のポイントや海図の見方など、情報満載の手帳。

ポケット判／ 250p ／
定価 本体 1,000 円

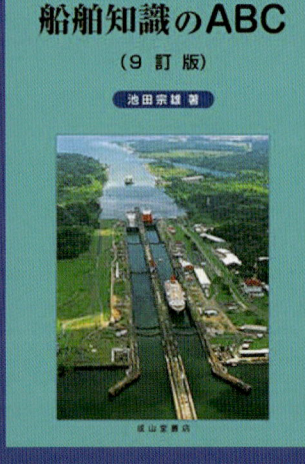

船舶知識の ABC
（9 訂版）
池田宗雄 [著]

船舶の種類、構造など、船に関する基礎知識を図面や写真を多用して解説。最新船舶事情にも対応。船会社、商社、一般向け。
A5 判／ 226p ／定価 本体 3,000 円

海の訓練ワークブック
日本海洋少年団連盟 [監修]

海の活動に必要な知識が詰まったガイドブック。オールカラーでイラスト、写真も豊富で海に関するすべての「科目」が習得できる。
A4 変形判／ 108p ／定価 本体 1,600 円

ベルソーブックス 041
アオリイカの秘密にせまる
上田幸男・海野徹也 [共著]

その生物学的な知識から説き起こし，エギング，ヤエン釣りなどで人気のアオリイカ釣りに役立つ情報や美味しく食するためのコツまでを解説。
四六判／ 232p ／定価 本体 1,800 円

磯で観察しながら見られる水に強い本！
海辺の生きもの図鑑
千葉県立中央博物館 分館
海の博物館 [監修]

潮間帯に暮らす海の生きもの 300 種を掲載。水に強いはっ水用紙を使用しているので，実際のフィールドで使えるフルカラーハンドブック。

新書判／ 144p ／定価 本体 1,400 円

イカ先生のアオリイカ学
これで釣りが 100 倍楽しくなる！
富所 潤 [著]

釣り人の「知りたい！」を釣り人目線で解説。定番の情報や疑問からありがちな誤解までイカ釣りのスペシャリストが懇切丁寧に紹介。買って損なし！
A5 判／ 160p ／定価 本体 1,800 円

※定価はすべて税別です。

成山堂書店の刊行案内